Carl Friedrich von Weizsäcker

Worte für ein neues Bewußtsein

Carl Friedrich von Weizsäcker

Worte für ein neues Bewußtsein

Einleitung von
Hartmut von Hentig
Herausgegeben von Rudolf Walter

Herder
Freiburg · Basel · Wien

Umschlagbild: Ernst Haas

Zweite Auflage

Herstellung: Freiburger Graphische Betriebe 1989
ISBN 3-451-21287-0

Inhalt

Quellennachweis

Die Texte wurden aus folgenden Quellen ausgewählt:
Carl Friedrich von Weizsäcker, Liebe als Fundament der Zukunft. Festvortrag zum 125. Jahresfest des Evangelischen Johannesstifts in Berlin 1983 (Sonderdruck);
ders., Der Garten des Menschlichen. Beiträge zur geschichtlichen Anthropologie. Carl Hanser Verlag, München, Wien 1977;
ders., Der bedrohte Friede. Politische Aufsätze 1945–1981, Carl Hanser Verlag, München, Wien 1981;
ders., Bewußtseinswandel, Carl Hanser Verlag, München, Wien 1988;
ders., Vom rechten Gebrauch der Freiheit. Reden zur Verleihung des ersten Theodor-Heuss-Preises 1965;
ders., Die Zeit drängt. Eine Weltversammlung der Christen für Gerechtigkeit, Frieden und die Bewahrung der Schöpfung, Carl Hanser Verlag, München 1986;
ders., Die Verantwortung der Wissenschaft im Atomzeitalter, Vandenhoeck & Ruprecht, Göttingen 1957;
ders., Der ungesicherte Friede, Vandenhoeck & Ruprecht, Göttingen 1969;
ders., Zumutungen der Freiheit, in: Horkheimer, Rahner, v. Weizsäcker, Über die Freiheit, Kreuz-Verlag, Stuttgart 1965;
ders., Reinhold Schneider in unserer Zeit, in: Reinhold Schneider, Carl Friedrich von Weizsäcker, Immanuel Kant, Friede der Welt – Schicksal der Menschheit, Verlag Herder, Freiburg, Basel, Wien 1974;
ders., Gedanken über unsere Zukunft. Drei Reden, Vandenhoeck & Ruprecht, Göttingen 1966.

Einleitung

von Hartmut von Hentig

Wer immer dem Philosophen und Physiker, dem Christen und homo politicus Carl Friedrich von Weizsäcker begegnet, begegnet zuerst dem Lehrer – dem Mann, der das, was er dem anderen zu sagen hat, erklärt. Was heißt „erklären"? so frage ich gleich in seiner Weise. „Erklären" meint „verständlich machen", und das hat drei Grundformen:

– an einem schon bekannten und verstandenen Sachverhalt oder Gedanken zeigen: so ungefähr ist es auch hier;

– vorführen, wie man zu der Behauptung dieses Sachverhalts oder Gedankens gekommen ist: so ist es mir aufgegangen – an der eigenen Erfahrung oder an der Geschichte oder in dem Denkschritt X;

– den Sachverhalt oder Gedanken in geeignete Teile zerlegen und diese wieder zusammensetzen: so ist das innere Gefüge.

Welche Form des Verständlich-Machens man

benutzt, richtet sich nach der Art des Problems. „Gott" muß anders erklärt werden als „Atom" und mein Name anders als meine Schuld. Weil das so ist, tut der Erklärende meist gut daran, dem anderen auch die Gründe für die Wahl seiner Mittel zu erklären.

Lehren heißt meistens, dem anderen etwas ihm noch Neues mitteilen. Solche Mitteilungen müssen in sich verständlich sein; man kann dann immer „mehr" wissen wollen, aber dieses „mehr" ändert den Charakter der Mitteilung nicht prinzipiell. Eine Erklärung und einen Erklärer fordert eine Mitteilung, sobald der Belehrte nach dem Grund oder dem Zweck oder dem Wert des mitgeteilten Sachverhalts fragt.

Weil Carl Friedrich von Weizsäcker in der Regel nicht lehrt, was in einem Lexikon nachgeschlagen werden kann, und weil er bei allem, was er sagt, die notwendigen Fragen seines jeweiligen Zuhörers vorwegnimmt, ist sein Lehren immer ein Erklären. Es gibt, so möchte ich behaupten, keinen Text von ihm, der nur eine Auskunft gibt oder ein Ergebnis mitteilt. Nur weil das so ist, ist diese Anthologie erlaubt. Daß es wünschenswert ist, aus dem viele tausend Druckseiten umfassenden Werk eine sorgfältige und handliche Auswahl zu haben, kann niemand bestreiten, aber allein könnte das den Widerspruch zur Erkenntnisweise des Autors nicht entkräften.

Ich schicke diese Wahrnehmungen dem Buch voraus, in dem „die Kerngedanken" von Carl Friedrich von Weizsäcker zusammengestellt worden sind. Schon die Absicht der Herausgeber, *quintam essentiam* der Lehren dieses Autors zu den großen säkularen Themen zu zeigen, könnte den Leser zu der Meinung verführen, hier, in den ausgewählten Texten, habe er den ganzen Carl Friedrich von Weizsäkker; er könne die Botschaft ohne die mit ihr immer verbundene Erkenntnisanstrengung vernehmen; er dürfe – im Bilde von Platons Höhlengleichnis gesprochen – die Ideen schauen ohne den Schmerz des Losreißens von den Schatten an der Höhlenwand, ohne die Mühen des Aufstiegs zum Licht. Mit von Weizsäckers eigenen Worten: Eine Textaus-

wahl dieser Art könnte sein „wie die Rosinen ohne den Kuchen oder wie die Gipfel eines Gebirges, die aus einem Nebelmeer herausragen".
Was wäre der Kuchenteig, was das Gebirge unterhalb des Nebels? Sie sind die Denkarbeit des Philosophen, den die Erkenntnisse der modernen Naturwissenschaft und die zur Katastrophe anwachsenden Probleme der Menschheit nicht ruhen lassen: er erklärt uns den Zusammenhang zwischen beiden; er macht deutlich, daß wir ohne einen Wandel unseres Bewußtseins die rettenden Maßnahmen nicht treffen, die Zerstörung unserer Welt herbeiführen werden; wissend, daß der Wandel des Bewußtseins nur kommen wird, wenn wir verstehen, was wir tun, erklärt er es uns – in der Wissenschaft, in der Politik, in den Gestaltprinzipien und den Sinnfiguren unserer Kultur. Der Philosoph entdeckt das noch Ungedachte im schon Gedachten und Gewußten, und er fragt unablässig nach dem Zusammenhang und dem Ganzen. Aus diesen beiden Akten zieht er seine Folgerungen, ragen die „Gipfel" heraus.

Das noch Ungedachte im schon Gedachten und das Ganze sind Platonische Denkfiguren. Platons Sokrates geht umher und beweist seinen Mitmenschen mit einfachen Fragen, daß sie nicht wissen, was sie zu wissen meinen. Das wird am krassesten sichtbar, wenn es um das Selbstverständliche geht und wenn ein Experte aufgrund seines Spezialwissens glaubt, auch das andere beurteilen zu können. Unsere hochentwickelten, hochabstrakten, hochspezialisierten Wissenschaften sind in der Regel ebenfalls blind, wenn sie ihren jeweiligen Gegenstandshorizont überschreiten oder über ihre erkenntnistheoretischen, historischen, sprachlichen Voraussetzungen, über ihre weiterreichenden Folgen, über ihren Kontext Rechenschaft geben sollen. Und: es gelingt ihnen kaum, das ihnen Selbstverständliche anderen verständlich zu machen. Carl Friedrich von Weizsäcker kann gerade dies. – Er vermöge sehr Kompliziertes sehr einfach zu sagen; er führe den Hörer oder Leser in solcher Ordnung und mit solcher Geduld, daß dieser dem Gedankengang gut folgen könne und in jedem Augenblick wisse, wo er sei; er haste nicht, er gebe Beispiele, er wolle nicht imponieren – und sei aus all diesen Gründen verständlich, ein vorzüglicher Didaktiker. So sagen die Menschen. Ich glaube, daß es umgekehrt ist: weil Carl Friedrich von Weizsäcker seine Sache und deren Unklarheiten und Tücken sehr genau versteht, kann er sie verständlich darstellen. Ja, ich neige dazu, diese Umkehrung zu verallgemeinern: Wer nicht klar redet, hat noch keine Klarheit über seinen Gegenstand. Eine Sache verstehen ist identisch mit sie-in-verständliche-Sprache-bringen-können. Nicht weil ein Sachverhalt kompliziert ist, gerät eine Darstellung schwierig, sondern weil und wenn sich der Redende selber mit nur Halbverstandenem begnügt, weil und wenn er auf eine deutliche Kennzeichnung des noch Unverstandenen verzichtet.

Deutlichkeit, Verdeutlichung sind für Carl Friedrich von Weizsäckers Wirken kennzeichnende Wörter, mehr als Lehren und Lernen, als Überzeugen und Beweisen – sowenig ein Wissenschaftler auf diese verzichten kann. Wer mit Carl Friedrich von Weizsäcker über ein lohnendes und also schwieriges Thema spricht, der hört alsbald Sätze wie: „Ja, wie ist das eigentlich ...?", „Was haben wir da vor uns ...?", „Laßt uns nachdenken, wovon wir jetzt zu reden beginnen ...", also Vergegenwärtigung, Vergewisserung, Musterung des Bestandes für den Zweck. Wirklich Neues denkt man nur, wenn man sich das schon Gedachte klargemacht hat.

Weil Carl Friedrich von Weizsäcker dies tut und kann, folgen ihm die Menschen, bringt er eine weltweite Bewegung unter den Christen zustande, tut er auch öffentliche Wirkungen. Wieder, wie im eigenen Denken, ist der Weg der Christen bis zu dem von ihm angestrebten „Konzil" so wichtig wie das Ergebnis. Auf diesem Weg werden sich die Menschen der Widerstände und Widersprüche im eigenen Denken und Handeln bewußt; sie werden an sich selber vollziehen müssen, was sie anderen empfehlen; sie werden sich entscheiden und nicht mehr alles gehen lassen, wie es geht; sie machen einen Wandel des Bewußtseins durch, ohne den nicht zustande kommen kann, was zustande kommen muß:

die Überwindung der Institution des Krieges, indem man die drei zentralen Forderungen erfüllt: soziale Gerechtigkeit, politischer Frieden, Bewahrung der Natur. Der Bewußtseinswandel, den Carl Friedrich von Weizsäcker bewirkt, ist mit diesen drei Forderungen verbunden. Anders als die New-Age-Denker setzt er nicht einen „neuen Menschen" voraus, bevor die Welt anders werden kann. Nein, keine Erweckung! Er denkt und erkennt – und er blickt auf Vorbilder: Christus, Gandhi, die Quäker. Wir können auf Carl Friedrich von Weizsäcker blicken.
Der Physiker denkt seine Wissenschaft in die Philosophie weiter, der Philosoph denkt seine Erkenntnis ins Leben weiter – in die Politik, in den notwendigen rettenden Wandel.
Nichts macht dem Intellektuellen mehr Not als die wirkliche Politik. Das gilt auch, wo es die besondere deutsche Miß-Beziehung zwischen Geist und Macht nicht gibt. Der Intellektuelle denkt frei, komplex, konsequent; der gute Politiker auch – aber er kann so nicht handeln. Und auf die Dauer denkt man, wie man handeln muß. Umgekehrt

zieht sich der Intellektuelle vor dem Handeln zurück, das seinen klugen Gedanken nicht folgt, und hört schließlich auf, das Handeln zu denken: *à penser la politique,* wie es bei Pierre Bourdieu heißt.
Wie man das macht und also zwischen Politik und geistiger Öffentlichkeit vermittelt, dafür ist Carl Friedrich von Weizsäcker ein überzeugendes, leider einsames Beispiel. Er hat nie aufgehört, die großen politischen Probleme anzugehen, ihnen den gebührenden moralischen und weltgeschichtlichen Rang zu geben und sie zugleich in die Niederungen der technischen, ökonomischen, rechtlichen, psychologischen Einzelheiten „kleinzudenken". Immer hat ein Problem auch eine Geschichte; nichts ist „reinentsprungen"; alles hängt mit allem zusammen. Die Mühsal, dies zusammenzufassen, nimmt er auf sich.
Im Bewußtsein der Öffentlichkeit bleiben die plakativen Überschriften, die die ZEIT-Redaktion seinen Artikeln gibt, während die Radikalen ihn der Unentschiedenheit zeihen: da zaudere einer und schütze die Umständlichkeit der Sache vor. Wer, wie ich, in

Abständen von zwei Jahren – meist auf einem ausgedehnten Spaziergang – hört, wie Carl Friedrich von Weizsäcker die jüngsten Entwicklungen in der Abrüstung oder in der Kernenergie oder in der Frage des Konzils resümiert, der weiß, nein, der erlebt, daß die „Umständlichkeit der Sache“ eine Folge der Radikalität des Denkens ist. Weil dieser Mann sich nichts erspart, können seine Befunde denen nicht gefallen, die die Wahrheit gerne auf einen Satz und an eine Stelle bringen. Ich kenne keinen Politiker, der seine dikken Bretter so geduldig, so gründlich, so gerade bohrt wie Carl Friedrich von Weizsäkker. Vorbild ist er mir in der schwierigen Zusammenfassung von Politik, Pädagogik, Freundschaft, Ordnung des Denkens und des eigenen Lebens geworden. Als ich ihm dies zu seinem 75. Geburtstag schrieb, antwortete er: „Vorbildlich bin ich nicht, aber unterwegs.“

Möge er mir und vielen anderen gerade darin Vorbild sein.

I

Grunderfahrungen

Als ich ein Kind war, bekam ich ein Neues Testament geschenkt. Als ich elf Jahre alt war, las ich die Bergpredigt, die Gleichnisse und die Gerichtsreden Jesu. Wahrscheinlich habe ich nur das Matthäus-Evangelium gelesen. Ich erschrak tief. Wenn das wahr ist, ist unser aller Leben falsch – und was da gesagt ist, ist doch offenkundig wahr. Das war noch im Kinderglauben gedacht. Mit sechzehn Jahren verlor ich für immer meinen Kinderglauben durch die einfache Überlegung, daß andere Kulturen andere Kinderglauben einpflanzen. Mein Kinderglaube kann nicht deshalb wahr sein, weil ich zufällig in diese Religionsgemeinschaft hineingeboren bin. Bis zum heutigen Tag aber habe ich niemals an der evidenten Wahrheit dieser Worte Jesu zweifeln können: der Bergpredigt, der Gleichnisse, der Gerichtsreden. In der religiösen Erfahrung, zumal in den Reden Jesu, ist die Verengung nicht da, die ich die Willens- und Verstandeswelt genannt habe.

Liebe als Fundament der Zukunft 4

Ich habe schon als Kind die Naturwissenschaft sehr geliebt und habe gleichzeitig in einer Weise gelebt, von der ich hinterher sagen würde, sie hatte eine meditative Basis. Es war mir schon, als ich 12 Jahre alt war, eine Frage, die mich sehr beschäftigt hat, daß diese beiden Wirklichkeiten doch offensichtlich dieselbe Wirklichkeit sein müssen, daß ich nur nirgends die intellektuellen Hilfsmittel bekam, um das zu verstehen. Für mich ist das seit langem gleich ursprünglich, und ich würde sagen, daß im Grunde die Einheit der Natur, die uns die Naturwissenschaft in ihrem geschichtlichen Prozeß schließlich zu sehen lehrt, eben eine Spiegelung der Einheit ist, um die es in der Meditation geht.

Der Garten des Menschlichen 550

Als wir begannen, Physik zu studieren, erstrebten wir nichts als einen Einblick in die Geheimnisse der Natur. Ich erinnere mich deutlich des dankbaren Staunens, mit dem ich darüber nachdachte, daß meine Mitmenschen bereit seien, mir und meinesgleichen ein Leben zu bezahlen, das einer so nutzlosen Spielerei wie der Erforschung der Atome gewidmet sein sollte.

Heute kann unser Stand vielleicht mit mehr Recht als der Stand der Soldaten beanspruchen, den bisher größten Krieg der Weltgeschichte entschieden zu haben.

Der bedrohte Friede 17

Heute tragen wir, und zwar jeder von uns, der geholfen hat, die Kenntnis des Atomkerns zu fördern, mit an der Schuld am Tode von 90000 Männern, Frauen und Kindern, an der Verwundung und der Heimatlosigkeit von Hunderttausenden. Und keiner von uns kann sich der Frage entziehen, ob es durch die Arbeit, der wir unser Leben gewidmet haben, noch zu unseren Lebzeiten geschehen wird, daß nicht 90000, sondern 90 Millionen denselben Tod erleiden. Der bedrohte Friede 17

Wie sieht es in einem Menschen aus, der öffentlich so redet? Ein Freund fragte mich einmal: „Glaubst du eigentlich, daß der Krieg kommt, von dem du so oft sprichst?" Ohne ein Zögern des Nachdenkens hörte ich mich antworten: „Das weiß ich nicht." Noch immer ohne Zögern: „Das darf ich nicht wissen." Dann die Überlegung: Was habe ich da gesagt? In der Tat: Wüßte ich gewiß, daß er kommt, oder wüßte ich gewiß, daß er nicht kommt, so würde ich nichts gegen ihn tun; ich soll aber etwas tun. Bewußtseinswandel 73

Man begegnete mir verschiedentlich in großer Ratlosigkeit mit der Frage, was denn der einzelne in dieser Welt ausrichten kann, wo die großen Entscheidungen des Weltgeschehens in ein paar Geschäftszimmern in Moskau, Washington oder London fallen. Es gibt Antworten darauf. So meine ich, daß keine großen Entscheidungen getroffen werden können, die nicht auf eine gewisse Resonanz bei den Millionen von Menschen treffen, die diese Entscheidungen unmittelbar angehen, deren Schicksal von diesen Entscheidungen abhängt und ohne deren vorbereitende und oft auch mitwirkende Teilnahme eine große Entscheidung niemals fällt.

Vom rechten Gebrauch der Freiheit 39f

Nach einer internationalen Tagung über Probleme des technischen Zeitalters, auf der Amerikaner und Asiaten gemeinsam den technischen Fortschritt priesen, während die Europäer kultur-pessimistisch auf die Tendenz der Selbstzerstörung in der Technik wiesen, sagte mir ein Chinese im Privatgespräch: „Ihr Europäer haltet die Technik für gefährlich, weil ihre Entfaltung mit dem Zusammenbruch eurer Kultur zeitlich zusammentrifft. Wir Asiaten sind in einer anderen Lage. Unsere Kultur bricht nicht zusammen. Aber wir müssen zahllose Menschen ernähren. Wir werden die Technik übernehmen und euch vormachen, wie man mit ihr lebt!"

Ich glaube nicht, daß er das letzte Wort gesagt hat, aber in solchen Dimensionen bewegt sich das heutige Weltgeschehen.

Der Garten des Menschlichen 525

Gegen Ende des Zweiten Weltkrieges hatte ich in einer Nacht drei Träume.

Der erste Traum war ein Bild. „Koordinatenbeginn: eine einsame Träne. Rings der Raum: ein Meer von Tränen."

Der zweite Traum zeigte die Schrecken des Krieges.

Im dritten Traum fuhr ich in der letzten Nachtstunde vom oberen Rand in den weiten dunklen Talkessel hinunter, in dem meine zerstörte Heimatstadt lag. Am Osthorizont kam das erste Licht des neuen Tages herauf. Ich sah es; die unten im Tal konnten es noch nicht sehen.

Als ich aufwachte, wußte ich, daß sich der Traum nicht nur auf den soeben zu Ende gehenden Krieg bezog, sondern auf die unvollendete Geschichtsepoche, für die dieser Krieg ein Warnschrei war.

Wie ist heute die Nutzanwendung?

Wenn die Tränen nicht rechtzeitig geweint werden, so wird es kein Friedenskonzil geben, sondern das nackte Entsetzen. Tränen sind eine Gnade. Sie sind der Beginn des Trostes, der zu uns kommt, wenn wir gewagt haben, dem Schrecken in die Augen zu schauen. Solange wir den Schrecken verdrängen, leben wir in dem Krampf, in dem unsere scheinbar verständigen und entschlossenen Handlungen das Unheil herbeiführen, das sie unserer Vorstellung nach hätten verhindern sollen. Die Träne gibt die falsche Hoffnung auf, wir seien Meister unseres Geschicks. Sie eröffnet den Weg zur wachen Hoffnung auf das, was nicht in unserer Macht steht. Und damit macht sie uns frei zum wirklichen Handeln. Wir sehen dann das erste Licht des neuen Tags.

Die Zeit ist reif. Die Zeit drängt 116f

II

Die Krise erkennen

Der januskö pfige Fortschritt

Das Problem, das Europa über sich und die Welt gebracht hat, kann man vielleicht andeuten durch den paradox scheinenden Ausdruck der irrationalen Dynamik der Rationalität. Dieser Titel kann ebenso über den Kapiteln der Atombombe und der Bevölkerungsexplosion stehen wie über den Kapiteln der Managerkrankheit und der verdrängten Weltangst. Wir trauen unserem Denken und handeln danach. Der Erfolg ist groß und enttäuschend zugleich, wie wenn eine ironische Gottheit gesagt hätte: „Ihr werdet bekommen, was ihr gewollt habt; darum seht zu, ob es das ist, was ihr eigentlich gewollt habt." Ist unsere Vernunft vernünftig? Haben wir verstanden, was Verstand ist?

Der Garten des Menschlichen 529

In älteren stabilisierten Kulturen war das, was man technisch leisten konnte, etwa im Gleichgewicht mit dem, was die gesellschaftlichen Gewohnheiten, die ethischen Normen, die politischen Entscheidungsmechanismen zu bewältigen vermochten. Dieses Gleichgewicht ist heute radikal zerstört. Wir können technisch mehr, als wir gesellschaftlich, ethisch, politisch bewältigen. Die Hoffnung ist naiv, durch technische Selbstentmannung das Gleichgewicht wiederherzustellen. Wir müssen Gesellschaft, Ethik, Politik so radikal weiterentwickeln, wie wir die Technik schon entwickelt haben – bei Strafe des Untergangs. Wer sollte da nicht Krisen erwarten? Der bedrohte Friede 601

Der wissenschaftlich-technische Fortschritt zeigt, jedenfalls in der Welt unserer näheren geschichtlichen Erfahrung, eine eigentümlich unwiderstehliche Kraft. Er radikalisiert durch seine Konsequenzen die Probleme der Gesellschaft, in der wir leben. Er schafft Wohlstand und kann soziale Ungleichheiten stützen. Er sichert den Menschen vor den Naturgewalten und bedroht den Menschen durch Zerstörung der Natur. Er schafft Vorbedingungen der Freiheit und stabilisiert

Herrschaften. Er steigert die Zerstörungskraft des Kriegs, nötigt uns dadurch zu einer radikalen Forderung der Überwindung des Kriegs, und bietet als Mittel dazu zunächst eine Ordnung, die die Gefahr größter Tyrannis enthält. Der Garten des Menschlichen 64f

In diese Lage bildet sich in zwei dem Anschein nach entgegengesetzten Gestalten eine Denkweise heraus, die als „Realeschatologie" bezeichnet werden könnte. Das neuzeitliche Fortschrittspathos, das an eine fast grenzenlose willentliche Veränderbarkeit der Welt glaubte, nimmt die Gestalt eines „verzweifelten Optimismus" an: „Fahrt nur so rasch wie möglich fort mit der technischen (oder der sozialistischen) Weltveränderung, und alle Krisen werden überwunden werden." Auf der anderen Seite erzeugt die Angst vor den Folgen dieser Weltveränderung eine „pessimistische Apokalyptik": „Wir sind die Opfer des Wahnsinns der Herrschenden" oder der jeweiligen Gegner. Beide Eschatologien haben vermutlich die psychische Funktion von

Träumen, nämlich ein ungelöstes, tief verdrängtes Problem symbolisch darzustellen.

Die Zeit drängt 19

Die Technik ernährt uns. Was haben Sie heute zum Frühstück gegessen oder getrunken? Vom dänischen Ei über das Brötchen aus kanadischem Weizen zum Kaffee aus Brasilien sind diese Lebens- und Genußmittel auf rationalisierte, technische Weise erzeugt, mit modernen technischen Mitteln herbeigebracht, frischgehalten, gebacken, gekocht.

Der bedrohte Friede 128

Das technische Zeitalter, das ist unsere Zeit, unser Alltag und der Alltag unserer Kinder und Enkel. Es ist die Welt, in der man zu einer Tagung mit Auto, Eisenbahn oder Flugzeug anreisen kann, in der unsere Ernährung und Kleidung am Welthandel hängt, in der die Medizin die Zahl der Weltbevölkerung zur Explosion bringen kann und, wie wir hoffen müssen, auch begrenzen kann, und in der

Atombomben und Napalm das verfügbare, biologische Waffen vielleicht das künftige Kriegspotential andeuten. Der bedrohte Friede 154

Die technische Welt gewährt uns zwar ein Leben in bisher beispielloser Fülle materieller Güter. Aber die Gesetze ihres Funktionierens sind nicht minder erbarmungslos als die des Lebens in der Natur. Der bedrohte Friede 129

Der technische Fortschritt erweist sich als das, was er immer war: ein Mittel zu Zwekken, unfähig die Zwecke selbst human zu bestimmen. Der bedrohte Friede 603

Nur in der Wissenschaft besteht heute, gleichsam erstmals wieder seit dem Turmbau von Babel, eine einheitliche Sprache aller Nationen. Eben darum ist die Versuchung groß, nun doch noch den Turm bis zum Himmel zu bauen. Die Zeit drängt 92f

Ich glaube, solange uns die Sorgfalt bei der Prüfung der Rückwirkungen unserer Erfindungen auf das menschliche Leben nicht ebenso selbstverständlich ist, wie die Sorgfalt beim Experimentieren, sind wir zum Leben im technischen Zeitalter nicht reif.

Die Verantwortung der Wissenschaft im Atomzeitalter 15

Im Schatten der Bombe

Tatsächlich hat die Machtsteigerung durch die Naturwissenschaft die Menschheit in eine der tiefsten Krisen ihrer Geschichte geführt – Krise hier verstanden als nicht mehr vermeidlicher Übergang von einer Stabilitätsebene der Kultur in eine neue, die den Menschen mitten in der Krise erst undeutlich und darum leidenschaftlich umstritten vor Augen stehen kann.

Die Atombombe ist das Symbol des außenpolitisch-militärischen Aspekts dieser Krise. Ohne die Argumente hier auszubreiten, will ich meine Überzeugung aussprechen, daß die durch die moderne Waffentechnik eingeleitete weltpolitische Krise nicht zu einem Ende kommen wird, ehe das seit 6000 Jahren der Hochkultur stabilisierte System souveräner, d.h. zur Kriegsführung befähigter und berechtigter Mächte durch eine andere politische Organisationsform der Menschheit ersetzt sein wird.

Die gegenwärtige Phase friedlicher Koexistenz ist nicht die Lösung dieses Problems, sondern ein Atemholen, ermöglicht durch die berechtigte Furcht der Weltmacht-Hegemoniekandidaten vor einem bewaffneten Austrag ihres Konflikts, aber ohne eine radikale Änderung derjenigen weltpolitischen Organisationsform, die bisher in der Geschichte stets zur kriegerischen Entscheidung der Machtkonflikte geführt hat.

Der Garten des Menschlichen 102 f

Die großen Bomben erfüllen ihren Zweck, den Frieden und die Freiheit zu schützen, nur, wenn sie nie fallen. Sie erfüllen diesen Zweck auch nicht, wenn jedermann weiß, daß sie nie fallen werden. Eben deshalb besteht die Gefahr, daß sie eines Tages wirklich fallen werden. Der bedrohte Friede 36f

Die technische Welt läuft den überlieferten Normen davon. Wie der faktische Einsatz von Atomwaffen mit den überlieferten Begriffen des gerechten Kriegs vereinbart werden kann, habe ich nicht zu sehen vermocht. Der Besitz solcher Waffen zur Abschreckung, in der Hoffnung, sie nie einsetzen zu müssen, ist ein Ritt über den Bodensee, ein Tanz über dem Abgrund. Der ungesicherte Friede 29

Ein Atomkrieg, auch wenn er durch Gottes Gnade begrenzt bliebe, würde einen größeren Bruchteil der Menschen töten als einst im Mittelalter die Pest. Der bedrohte Friede 556

Ein Gleichnis sei erlaubt. In Trockenzonen zum Beispiel Australiens und Amerikas hat es oft verwüstende Waldbrände gegeben, nach denen sich die Wälder gleichwohl wieder erholten. Heute hat man gelernt, Waldbrände immer besser zu verhüten. Dadurch sammelte sich aber immer mehr brennbares Material an. Wenn dann doch einmal ein Brand ausbrach, wuchs er zu unlöschbarer Stärke und hinterließ ein Gebiet, in dem das Pflanzen- und Tierleben des Waldes nicht wieder Fuß faßte. Der nördliche Friede der letzten vierzig Jahre könnte die Periode des verhüteten Waldbrandes der Menschheit sein.

Die Zeit drängt

Im öffentlichen Bewußtsein wird dieses Problem der Verhütung eines atomaren Weltkrieges heute weitgehend psychologisch verdrängt, obwohl es eine ständige intensive Diskussion der Experten über diese Fragen gibt. Man begnügt sich, wenn die Frage auftaucht, mit einer eigentümlichen Mischung von Sicherheit und Fatalismus, etwa ausgedrückt in den Sätzen: „Die großen Waffen sichern den Frieden" und „Wenn der große Krieg kommt, ist sowieso alles aus". Man schiebt das Problem gerade wegen seiner

Übergröße ab und wendet sich dann wieder den Sorgen und Interessen des Tages zu. Wenn aber eine politische Haltung die Gefahr eines großen Krieges herausfordert, so ist es diese. Denn die Entscheidungen des Tages wirken auch auf den Faden zurück, an dem das Damoklesschwert des großen Krieges über uns hängt. Darauf, ob dieser Faden zu einem Strick verstärkt oder hauchdünn gescheuert wird, wirkt auch das politische Bewußtsein und die aus ihm folgenden politischen Entscheidungen in einem zwar kleinen und nicht sehr mächtigen, aber geographisch, historisch und wirtschaftlich wichtigen Lande wie dem unseren ein.

Der bedrohte Friede 221

Mißlingt die Wahrung des Weltfriedens, so ist unser Untergang wahrscheinlich; hier ist eine tödliche Gefahr *durch* die Freiheit, nämlich durch die Freiheit der souveränen Nationen oder Imperien, Krieg zu beginnen. Gelingt die Wahrung des Weltfriedens, so schränkt sie unsere Freiheit zur Selbstverteidigung wesentlich ein; hier ist eine unheimliche, schwer durchschaubare Gefahr *für* die Freiheit. Niemand kann im Grunde daran zweifeln, welchen Weg wir zu wählen haben. Der Weltfriede darf nicht scheitern.

Über die Freiheit 57

Wir leben in Ängsten

Der Wohlstand ist größer als je in der Geschichte. Was man heute bei uns materielle Not nennt, hätte man früher nicht so genannt. Die medizinische Lebenserwartung des Einzelnen ist länger als in allen früheren Generationen. Unsere Verfassung ist rechtsstaatlich, die Rede ist frei, man reist ohne Waffen, man überschreitet die meisten Grenzen ohne Visum. Seit dreißig Jahren herrscht hier Friede, und alle unsere Pläne werden so gemacht, als werde der Friede immer dauern. Das ist unsere materielle Wirklichkeit – und siehe, wir leben in Ängsten.

Der Garten des Menschlichen 122

Ich empfinde immer sehr stark: Wir leben jetzt, wir denken jetzt, wir philosophieren jetzt, und die Zukunft ist nicht in unserem Griff, auch wenn sie sich gelegentlich in einem Gleichnis enthüllen kann, das wir aber erst recht verstehen, wenn es sich vollzogen hat. Der Garten des Menschlichen 543

Heute nimmt die Angst wieder überhand. Die Angst vor der Zukunft. Die Angst, so scheint mir, hat recht. Sie hat jedenfalls ein relatives Recht. Was sich zuversichtlich als Wende ankündigt, empfinde ich einfach als Flucht vor der Angst. Mut zur Angst wäre gut. Diesen Mut aber gibt nur die Liebe. Ohne Liebe entsteht die noch schlechtere Flucht, die Flucht in die Angst, die Resignation. Liebe als Fundament der Zukunft 5

Das Konkurrenzsystem wächst als Ganzes, weil in ihm, für jeden Teilnehmer an der Konkurrenz, auf eigenem, privatem Wachstum die Prämie des Überlebens steht. Wenn man schon individuelle Psychologie des Privatunternehmers oder Firmenmanagers betreibt, so ist es unzureichend, die Merkmale des Konkurrenzsystems aus dem Profitstreben dieser Menschenklasse herzuleiten. Ein viel tieferes, nämlich viel rationaleres Motiv des erfolgreichen Managers ist die umsichtig angewandte Befürchtung der Folgen eines Zurückbleibens in der Konkurrenz. Diese Furcht ist für jeden einzelnen Konkurrenzteilnehmer rational, denn er weiß, daß die Erfolgreichen unter seinen Konkurrenten eben deshalb erfolgreich sind, weil sie aus derselben Sorge heraus handeln. In diesem Sinne ist das System, psychologisch beschrieben, durch Furcht vor den Folgen fremder Furcht stabilisiert. Darauf beruht seine Wachstums- und Durchhaltekraft, denn rational gesteuerte, in aggressive Tat umgesetzte Furcht ist ein gewaltiger Motor. Darauf beruhen auch seine Gefahren, denn wer vertritt nun dasjenige Allgemeininteresse, das in den Privatinteressen nicht repräsentiert ist, also etwa den Schutz der gemeinsamen Umwelt?

Der Garten des Menschlichen 126f

Gehen wir so von den konkreten Entscheidungsfeldern aus, so erscheint die heutige Steigerung der Gefahr zunächst nicht wie das lauter werdende Ticken eines vor langer Zeit gestellten einzigen Weckers, sondern wie eine Koinzidenz unabhängiger Einzelursachen, wie das Zusammenbranden mehrerer Wellen, die von verschiedenen Zentren ausgehen. Die Analyse muß diese Ursachen einzeln bezeichnen, denn auch das politische Handeln, das ihnen begegnen soll, besteht aus einzelnen Schritten. Im Aufstieg zu allgemeineren Gründen zeigt sich aber ein gemeinsamer Zug der Ereignisse. Er wird hier als *das Wanken der großen Entwürfe* bezeichnet. Zukunftshoffnung und Krisenabwehr ist in der neueren Zeit in eine Reihe großer Entwürfe gekleidet worden. Das „Zusammenbranden mehrerer Wellen" ist der Vorgang, daß die wichtigsten dieser Entwürfe gleichzeitig ins Wanken geraten sind und vielen Beobachtern schon als gescheitert erscheinen.

Der bedrohte Friede 591 f

Die Wahrheit zu hören, ist sehr unangenehm. Menschliche Gemeinschaften, Gruppen, Gesellschaften, Staaten, Kirchen stabilisieren sich durch Abwehr des Bedrohlichen. Sie stabilisieren sich durch eingeschliffene Angstreaktionen. Das ist für den Menschen als vernünftiges Wesen an sich nicht nötig. Menschliche Gemeinschaften könnten sich durch Vernunft und Nächstenliebe stabilisieren, also durch Wahrheit, durch Erkenntnis, Wahrhaftigkeit, Rücksicht und aktive Hilfe. Wo das geschieht, empfinden wir, daß Friede herrscht. Der Friede ist der Leib der Wahrheit. Wo oder soweit kein Friede herrscht, stabilisiert sich die Gesellschaft durch Angst. Dieser Angst muß dann nichts so bedrohlich erscheinen, wie die Wahrheit. Wahrheit im Mund von uns Menschen ist nie vollkommen, sie ist, so wie wir sie herausbringen, fast stets Halbwahrheit. Die herrschende Angst hört aus den ihr begegnenden Halbwahrheiten mit sicherem Instinkt das Falsche heraus, um sich selbst darüber zu beruhigen, daß sie den Sprecher dieser halben Wahrheit mit Recht als Sprecher der Unwahrheit denunzieren, dienstentlassen, verfolgen darf. Lesen Sie einmal unter diesem Gesichtspunkt die Geschichte religiöser und politischer Verfolgungen bis auf unseren Tag.

Der Garten des Menschlichen 522

Und wenn ich nun frage: Warum lösen sie die Probleme nicht? – dann ganz sicher nicht, weil die Probleme unlösbar wären. Man kann sogar mit schlichter Vernunft, eigentlich mit dem Alltagsverstand sagen, was geschehen müßte, damit sie gelöst würden. Es ist also nicht so, daß ein besonders gescheiter Mensch kommen muß, um Manager- und Steuerungsaufgaben zu lösen, die komplex sind; aber daran liegt es nicht, sondern es liegt letzten Endes daran, daß unsere seelische Verfassung so ist, daß jeder von uns an irgendeiner Stelle und viele von uns an vielen Stellen das einzig Heilsame abweisen, weil jeder Angst hat, daß ihm etwas passieren würde, wenn er hier die Konzession machte, die letztlich die einzige ist, die ihn retten würde.

Der Garten des Menschlichen 543f

Die apokalyptische Stunde

Nie hat die Menschheit größere Entwürfe materiellen Glücks gemacht als in den letzten zwei Jahrhunderten: Hoffnung, das stets gegenwärtige Elend zu überwinden. Nie hat die Menschheit mehr Grund zur Sorge vor selbstbereitetem Unglück gehabt als heute. Bewußtseinswandel 15

Die Menschheit befindet sich in einer Krise, deren katastrophaler Höhepunkt wahrscheinlich noch vor uns liegt. Die Zeit drängt 19

Träumerisch wiegt sich die Mehrheit der Menschheit in der Hoffnung, der große Krieg werde nicht kommen oder er werde die eigene Region nicht erreichen; mit den kleinen Kriegen aber müsse und könne man leben, zumal wenn sie weit entfernt sind. Und jeder kleine Krieg ist von der Mehrheit der Menschen weit entfernt. Diese Träumerei ist das eigentliche Hindernis des Bewußtseinswandels.

Die Zeit drängt 48

Politische Verantwortung gestattet nicht, eine drohende politische Katastrophe als unvermeidlich oder gar als unbegrenzbar hinzunehmen. Es gibt Wege in der Gefahr. Die Krise der Seele einer Kultur zeigt aber noch ein anderes Gesicht. Wer die Geschichte des neuzeitlichen Titanismus verfolgt hat, der muß wissen, daß seine Krise notwendig und wünschenswert ist. Es gibt keine Reifung ohne Krisen, weder im Leben eines Individuums noch im Leben einer Kultur. Jede tiefbegründete Krise führt freilich im psychischen Erleben und oft auch in der äußeren Realität an den Rand des Todes. Es gibt Krisen, die nicht mit Reifung, sondern mit dem Tod enden. Das weiß man nicht vorher. Die Pflicht des Arztes ist, den Kranken, wenn er vermag, heil durch die Krise zu führen. Jede Krise zu verhindern ist vom Arzt nicht gefordert.

Liebe als Fundament der Zukunft 6

Für die katholische Kirche, so wie sie durch den Mund des heutigen Papstes spricht, ist die herannahende Krise die Drohung der Zerstörung eines so lange bewahrten Gleichgewichts menschlicher Kultur. Für die wissenschaftliche Aufklärung ist sie die Drohung der endgültigen Widerlegung des moralischen Glaubens an den unaufhaltsamen Fortschritt. Beide mögen mit ihrer Befürchtung recht haben. Man hört heute wieder öfter das Wort „apokalyptisch". Seltsamerweise wird dabei kaum bedacht, daß die biblische Apokalypse die Existenzkrise der Menschheit als den Durchgang zu der verheißenen neuen Welt beschreibt. Der bedrohte Friede 547

Ich habe von der kritischen Theologie gelernt, daß die Apokalyptik eine spätjüdische Form der Geschichtsphilosophie war, und daß die Offenbarung Johannis den Begriffs- und Bilderschatz der Apokalyptik zur Deutung ihrer eigenen Zeit, der Zeit Neros oder Domitians benützte. Wenn ich mit diesem fundierten Wissen lese, wie ein Physiker unserer Tage in der Unschuld der Generation für Generation wiederholten aktuellen Deutung nunmehr die Heuschrecken und das Feuer der Apokalypse als Flugzeuggeschwader und Atombomben liest, so kann ich gleichwohl nicht verhindern, daß mir ein Schauder den Rücken herunterläuft; der Schauder der Frage: „und wenn's wahr wäre?" Ich meine, der Schauder hat recht. Was wissen wir vom Sinn der prophetischen Bilder? Sagen wir es so rationalistisch, wie wir sind: Wenn sich Menschen jener Zeit die Geschichte, die zu erleben über sie verhängt war, nur in apokalyptischen Bildern begreiflich machen konnten, sollte das für die größeren Dimensionen unserer Geschichte anders sein? Vielleicht, wenn mir diese Bilder nicht durch Mark und Bein gingen, würde ich die fast unerträgliche Last, politisch für den Weltfrieden zu arbeiten, nicht auf mich nehmen. Der ungesicherte Friede 22

Ich kann mir nicht vorstellen, daß jemand den notwendigen Bewußtseinswandel vollziehen kann, der nicht durch die Verzweiflung hindurchgegangen ist und den nicht der Affekt der Nächstenliebe aus der Verzweiflung gerettet hat. Die Zeit drängt 73

Wer sicher zu wissen behauptet, wie die Katastrophe vermieden werden kann, beweist schon dadurch seine Unglaubwürdigkeit, genau wie der, der sicher zu wissen behauptet, daß die Katastrophe unvermeidbar sei. Wir müssen handeln, ohne die Folgen vorher zu wissen. Der bedrohte Friede 64

Das Streben nach Glück *(pursuit of happiness)* nennt die amerikanische Unabhängigkeitserklärung von 1776 neben Leben und Freiheit als eines der drei Menschenrechte. Es ist gewiß ein Ausdruck der Toleranz und damit der Nächstenliebe, dem Mitmenschen sein Konzept des eigenen Glücks zu gönnen. Aber die kirchliche Lehre von der Sünde enthält eine tiefe psychologische Erfahrung, der sich die Glücksorientierung meist entzieht. In moderner evolutionistischer Sprechweise kann man sagen, daß für ein Lebewesen im Gleichgewicht mit seiner Umwelt das Angenehme ein Indikator des Zuträglichen ist. Leiden aber ist dann Indikator notwendiger Veränderung. In den Krisen der Evolution ist das Leiden unausweichlich, als Signal für notwendiges Handeln. Das Leiden unfühlbar zu machen, heißt oft genug, den Wecker aus dem Fenster zu werfen, um weiterschlafen zu können. Das spontane Sündenbewußtsein ist ein solcher Wecker. Die Zeit drängt 73

Wege *aus* der Gefahr sind denkbar, sie sind möglich, aber daß wir sie beschreiten, liegt nicht in der Macht eines Menschen oder einer Partei. Sie zu beschreiten, würde ein Zusammenwirken der Vernunft in der Menschheit voraussetzen, und daß dies geschieht, liegt in einem präzisen Sinne in Gottes Hand. Schritte *in* der Gefahr sind Schritte, die ein Einzelner, eine Partei, eine Nation oder eine imperiale Führung heute wirklich tun kann. Sie müssen drei Bedingungen genügen. Sie müssen erstens an den jeweils sichtbaren Abgründen rettend vorbeiführen. So müssen sie zweitens den bestehenden Weltzustand bewahrend fortbilden, anders gesagt, die Welt ohne Katastrophen verändern. Sie müssen drittens in der Richtung auf einen großen, radikalen Wandel des Bewußtseins und der Organisationsformen führen. Um all dies zu können, müssen sie nach den Maßstäben des heute unerreichbaren Zusammenwirkens der Vernunft erkennbar vernünftig sein: vernünftig, d. h. dieses künftige Zusammenwirken erleichternd und nicht erschwerend; erkennbar vernünftig, d. h. sichtbare Zeichen dafür setzend, wohin der Weg weiter führen sollte.

Der bedrohte Friede 592 f

III

Gerechtigkeit schaffen

Reichtum und Elend

Noch nie haben so viele Menschen im Wohlstand gelebt wie heute, in einem Wohlstand, der materiell denjenigen aller früheren Zeiten übertrifft. Noch nie haben so viele Menschen in Elend und Hunger gelebt wie jetzt; die Anzahl der Menschen, die an den Folgen von Hunger sterben, übertrifft die Anzahl der Toten aller Kriege unseres Jahrhunderts. Noch nie hat sich das Bewußtsein von der Ungerechtigkeit der Güterverteilung so weit verbreitet wie heute. Die Zeit drängt 28

Das Problem der Armut, der sozialen Ungerechtigkeit ist nicht gelöst; es wird sich verschärfen. Kriege werden geführt wie eh und je; der vierzigjährige Waffenstillstand zwischen den Großmächten des Nordens sichert uns noch nicht vor dem dritten Weltkrieg. Bevölkerungswachstum und technische Weltveränderung heben das Gleichgewicht der Natur, in der wir leben, aus den Angeln.

Die Zeit drängt 25

Das Luxurieren des Reichtums aber führt auch zum Elend der Armen. Das Luxurieren der Machtkonkurrenz führt zum nicht endenden Elend der Kriege. Das Luxurieren menschlicher Verfügung über Mittel führt zur Zerstörung ihrer natürlichen Basis. Hier sind wir an der Quelle der Probleme. Im härter werdenden Konkurrenzkampf ist für jeden der Andere der Böse, und keiner von ihnen merkt, wie sie gemeinsam den Wettlauf erzeugen, in dem jeder den Anderen erst zum Bösen macht. Die Zeit drängt 66

Die banale Antwort, daß heute mehr Reiche und mehr Arme leben, weil sich die Menschenzahl auf der Erde in den letzten 60 Jahren verdoppelt, in den letzten 300 Jahren verzehnfacht hat, ist zutreffend, aber nicht ausreichend. Isoliert genommen, akzeptiert sie den uralten Gegensatz von Reich und Arm als ein Schicksal und bleibt insofern eine Ideologie der Reichen. Gefragt ist, ob die moderne Zivilisation nicht imstande sein sollte, den Gegensatz von Reich und Arm zu überwinden oder doch zu mildern ...

Klassenherrschaft, soziale Ungleichheit gibt es, seit es Hochkulturen gibt, seit wenigstens 6000 Jahren. Die reichen Herren haben Dokumente ihres Glanzes hinterlassen. Aber es gibt auch seit Jahrtausenden schriftliche Dokumente der Armen oder derer, die ihre Stimme für die Armen erheben. Es gibt 2000 v. Chr. die Klage des armen Bauern im alten Ägypten. Es gibt die Stimme der jüdischen Propheten: Gott will nicht Brandopfer, sondern daß ihr die Witwen und Waisen in ihrer Armut besucht, daß ihr euch des Fremdlings in eurem Lande annehmt. Jesus ist zu den Armen gekommen. Eher geht ein schatzbeladenes Kamel durch das Fußgängertörchen, welches Nadelöhr hieß, als ein Reicher in das auf Erden kommende Reich Gottes gelangen wird.

Die Zeit drängt 28 f

Die Reichen von heute glauben an die Verteidigung der Freiheit, die Armen hoffen auf die Erringung der Gerechtigkeit. Die lateinamerikanische Theologie der Befreiung ist ein Zeuge dieser Hoffnung, und als Träger dieser Hoffnung ist die Kirche in Lateinamerika eine soziale Macht geworden, die sie vorher nicht mehr war.

Es wäre aber für Freiheit wie für Gerechtigkeit gefährlich, ja tödlich, sie gegeneinander auszuspielen. Die Zeit drängt 29

Ich glaube also, daß die erste, gewiß exemplarische, wenn nicht schon allumfassende Seligpreisung Menschen seligpreist, die im alltäglichen Sinne bettelarm sind. So spricht Jesus von sich selbst, Luk 9,58: Die Füchse haben Gruben und die Vögel des Himmels Nester, der Sohn des Menschen aber hat nicht, da er sein Haupt hinlege. Matth 10,10 schreibt er den Jüngern vor: Schaffet euch kein Gold noch Silber noch Münze an in eure Gürtel, keine Tasche auf den Weg, keine zwei Röcke, noch Schuhe, noch Stock; denn der Arbeiter verdient seine Nahrung. Der Garten des Menschlichen 493

Es wird auch für unser Volk lebenswichtig sein, nicht im Wohlstand und nicht in den eigenen Problemen, so schwer sie sind, hängenzubleiben, sondern aktiv an dem teilzunehmen, was die Menschheit bewegt.

Der ungesicherte Friede 28

Die heute so verbreitete Skepsis gegenüber der Entwicklungshilfe ist nur zu begreiflich. Wenn wir es uns moralisch und politisch leisten könnten, die Entwicklungsländer einfach dem ihnen bevorstehenden Unglück zu überlassen, so wäre das die nächstliegende Reaktion. Aber wir können es uns nicht leisten. Nur müssen wir wissen, daß der Versuch, in Zusammenarbeit mit den dazu fähigen Menschen jener Nationen die notwendige Umstellung durchzuführen, auch von unseren Nationen eine Anstrengung verlangt, die nicht geringer ist als die Anstrengung eines Krieges. Man braucht, was fast das geringste ist, unser Geld; geschätzt werden 2% unseres Brutto-Sozialprodukts. Man braucht viele Menschen aus unseren Ländern und viele zusätzliche Ausbildungsstellen an unseren Fach- und Hochschulen. Man braucht vor allem eine Neuorientierung unserer politischen Begriffe. Fast die einzige politische Bewegung in der Welt, die schon etwas wie ein klares Programm für das Ganze einer solchen Umwälzung hat, ist der Kommunismus. Er hat eine Theorie, ein ethisches Wertsystem und einsatzfähige Kader mit jahrzehntelanger Erfahrung. Ich bezweifle, ob er dem Problem gewachsen ist. Aber sicher begegnet er uns auf diesem Feld als der große Konkurrent und mögliche Gesprächspartner. Das ist ein Anfang der Weltinnenpolitik.

Der ungesicherte Friede 13

Die Kriegs- und Terrorwaffen der südlichen Konflikte sind im Norden produziert. Die Rüstung aller Staaten verschlingt Gelder, die anders genutzt werden sollten. Die Feuerstellen, an denen sich ein nördlicher Krieg entzünden könnte, liegen im Süden. Ein nördlicher großer Krieg aber würde den Süden nicht verschonen; selbst ohne Radioaktivität und nuklearen Winter würde er schon durch eine zeitweilige Zerstörung der Weltwirtschaft eine unvergleichliche Hungerkatastrophe im Süden auslösen.

Es ist also vitales Interesse der gesamten Menschheit, auch jeden Bemühens um Gerechtigkeit und Bewahrung der Schöpfung, daß der Krieg zwischen den Supermächten des Nordens vermieden wird. Diese Kriegsverhütung aber ist nicht gesichert. Neue Schritte sind nötig. Die Zeit drängt.

Die Zeit drängt 40f

Hunger nach Gerechtigkeit

Zunächst: was heißt „Gerechtigkeit"? Das Wort hat verschiedene Bedeutungen, die aufeinander bezogen sind. Wir unterscheiden im Sprachgebrauch subjektive Gerechtigkeit, d.h. gerechtes Handeln von Menschen, und objektive Gerechtigkeit, d. h. einen gerechten gesellschaftlichen Zustand, eine gerechte Form menschlichen Zusammenlebens. Beides hängt zusammen. Das Handeln eines Menschen kann dann auch selbst objektiv gerecht genannt werden, wenn es einer geschriebenen oder ungeschriebenen Norm, einem Gesetz oder einer Sitte entspricht. Das können wir als legales oder korrektes Handeln unterscheiden von den Motiven der Handelnden, die auch bei korrektem Handeln ungerecht, selbstisch sein können und die in manchen Fällen auch bei inkorrektem Handeln gerecht sein mögen. Immanuel Kant unterscheidet Legalität, als Handeln gemäß dem Gesetz, von Moralität als Handeln aus Achtung vor dem Gesetz. Wiederum wird man einen Gesellschaftszustand nicht schon als gerecht bezeichnen, weil in ihm feste Normen gelten; wir beurteilen die Normen selbst als gerecht oder ungerecht. Schließlich können auch prinzipiell gerechte Normen unzureichend sein, wenn die realen gesellschaftlichen, d. h. ökonomischen und Macht-Verhältnisse die

Menschen hindern, in den Genuß der Gerechtigkeit zu kommen. Die Zeit drängt 26

Unterhalb der Grenze der absoluten Not ist politische Freiheit kein nutzbares Gut; hier geht es um die nötigste Nahrung, das Werkzeug, das Dach über dem Kopf. Die geschichtliche Erfahrung zeigt, daß arme Bevölkerungen keine Revolution machen. Sie haben nicht die Kraft und Zeit dazu. Entlastung durch beginnenden Wohlstand, Anfänge der Bildung und politische Führer aus den herrschenden Schichten gehören zur Befreiungsbewegung. Die Zeit drängt 31 f

Die weltliche Gerechtigkeit ist sichtbare Gerechtigkeit, in den zwei Formen der legalen und sozialen Gerechtigkeit... Der menschliche Richter darf die Legalität des Handelns seiner Mitmenschen beurteilen, aber er hüte sich vor dem Urteil über verborgene Motive. „Gott aber sieht das Herz an" *(1 Sam 16, 7).* Meine eigenen Motive habe ich in der Tat vor Gott, vor meinem Gewissen zu verantworten; mir ist nicht erlaubt, mir meine eigenen Motive zu verbergen. Der Freund, der Erzieher, der Seelsorger, der Prophet muß auch die Motive seiner Mitmenschen anschauen. Der Theologie der Gerechtigkeit muß es um die Gerechtigkeit der Herzen gehen, die sich in gerechtem Handeln und gerechtem Gesellschaftszustand auswirken soll.

Die Zeit drängt 77f

Selig, die hungern und dürsten, Gerechte zu sein. Sozialkritische Leser des Neuen Testaments könnten hier in Versuchung sein, die *Gerechtigkeit,* nach der die Menschen *hungern und dürsten,* als die soziale Gerechtigkeit, die gerechte Gesellschaftsordnung, oder bescheidener als gerechte Behandlung durch die Herrschenden zu verstehen. In der biblischen Tradition aber ist *Gerechtigkeit* eine Tugend, die Eigenschaft eines jeweiligen Menschen, und höchstens sekundär einer Gesellschaftsordnung.

Der Garten des Menschlichen 496

Selig die wegen der Gerechtigkeit Verfolgten. Wenn oben die Gerechtigkeit richtig gedeutet wurde, so sind es die um *ihrer Gerechtigkeit willen Verfolgten,* also die, *die verfolgt werden, weil sie Gerechte sind.* Es bleibt nur die inhaltliche Frage: wie kommt es dazu, daß Menschen verfolgt werden, *weil* sie Gerechte sind?

Wir wissen, daß auch die Verfolgten so gut wie immer nicht schlechthin gerecht sind; so kann der Verfolger sich fast stets auch vor der Welt und insbesondere vor sich selbst mit ihren Untugenden entschuldigen.

Aber das zentrale Faktum drückt unser Text genau aus. Der wahre Grund der Verfolgung sind nicht ihre Untugenden, sondern der wandelnde Vorwurf ihrer Gerechtigkeit. Gleiches ruft Gleiches und Entgegengesetztes wach.

Das Eindeutige, wenn es auftritt, mobilisiert die Ambivalenz.

Der Garten des Menschlichen 501

Das Verlangen nach Gerechtigkeit ist ein großes Pathos, das ein Leben erfüllen kann. Gerechtigkeit, als Verhalten, ist nicht die fürsorgende Liebe, Caritas, die Wahrnehmung des einzelnen Mitmenschen, so wie im Gleichnis der Samariter den unter die Räuber Gefallenen wahrnahm. Mein Lehrer, der Physiker Niels Bohr, sagte, Gerechtigkeit und Liebe seien komplementär. Das heißt, beide seien unter uns Menschen notwendig, aber streng vollzogen schlössen sie einander aus. Das Verlangen nach Gerechtigkeit enthält eine zwiefache Versuchung mangelnder Liebe. Die niedrigere, leicht durchschaubare Stufe ist, daß ich für mich Gerechtigkeit verlange, ohne sie anderen zu gewähren; das ist noch gar nicht Gerechtigkeit. Die höhere, gefährliche Stufe ist die Gewißheit, gerecht zu sein, die Selbstgerechtigkeit. Sie warf Jesus den Schriftgelehrten und Pharisäern vor. Selbstgerechtigkeit hat immer wieder gerade die ethischen Charaktere zur Unfühlsamkeit, ja zum Verbrechen, scheinbar im Dienste der guten Sache, verführt. Hungern und dürsten nach Gerechtigkeit heißt in der Bergpredigt danach hungern und dürsten, ein Gerechter zu sein, also gerade nicht sich schon als gerecht anerkennen. Die Zeit drängt 79f

Die Mitleidsethik ist vielfach, am schärfsten vielleicht einerseits durch Nietzsche, andererseits durch den militanten Sozialismus, in Verruf gebracht worden. Diese Kritik trifft die spezifische Schwäche aller von ihrem elementaren Verhaltenssinn, von ihrer „Vernunft" getrennten Affekte. „Affekte sind unterlassene Handlungen", was ich nicht getan habe, ersetze ich durch ein Gefühl. Aber das, wovon Jesus spricht, ist der vernünftige Affekt, die Wahrnehmung fremden Leidens; aus ihr folgt das angemessene Handeln und, fast wichtiger, die spontane Nähe des Herzens, die eben darum auch der den souveränen Partner achtenden Zurückhaltung fähig ist. Diese Gegenwart des Herzens ruft Gegenwart des Herzens wach. Deshalb *barm-herzig.* Und wieder die Konsistenz: Wessen Erbarmen werden die Erbarmenden finden? Nicht nur, nicht in erster Linie das Erbarmen anderer Menschen. Sie werden sogar immer wieder erleben, daß ihnen dieses Erbarmen versagt wird, denn der schweigende Aufruf zum Erbarmen ruft auch allen Widerstand wach, Gleiches erzeugt in der essentiellen menschlichen Ambivalenz notwendigerweise zugleich Gleiches und Entgegengesetztes, und die Grausamkeit kann in den psychischen Motiven dem Erbarmen näher sein als die Gleichgültigkeit. Das Erbarmen Gottes aber werden die Erbarmenden gewiß finden. Und dies ist nicht das Erbarmen in einem erträumten Jenseits, sondern hier und jetzt, in eben jenen realen geistigen („geistlichen") Vorgängen, die das Reich der Himmel ausmachen. Geistig und darum physisch, geistig und darum sozial. Der Garten des Menschlichen 497 f

Grenzen der Macht

Der kleine Junge möchte gerne der Mann mit der roten Mütze werden, der auf dem Bahnsteig die Züge abfahren läßt, denn er verwechselt die Funktion mit der Lockung von Rang und Macht. Rangordnungen sind, wie uns die Verhaltensforschung gelehrt hat, tierisches Erbe. Gleichheit der Menschen ist, wo sie gelingt, nicht ein wiederhergestellter Naturzustand, sondern eine hohe gesellschaftliche Leistung. Andererseits sind funktionale Rangordnungen, wo sie vom Bewußtsein der Gleichheit der Menschen als Personen durchleuchtet sind, sehr wohl zu ertragen, ja entlastend. Daß diese Entlastung selbst eine ideologische Bequemlichkeit, der Verzicht auf Emanzipation sein kann, das hat uns Älteren die Kritik der Jungen in den letzten Jahren eingebleut. Ich gebe das unmittelbar zu. Aber die irrationale Dynamik, die sich hinter allen ideologischen Masken verbirgt, ist es eben, die wir mit dem Namen Macht bezeichnen.

Friede der Welt – Schicksal der Menschheit 104

Wer eine Million Dollar verdient hat, welchen Anlaß könnte er haben, noch eine Million verdienen zu wollen? Die psychologische Antwort lautet: nur wer so beschaffen ist, daß er noch die zweite Million wird verdienen wollen, schafft es, die erste zu verdienen. Aber innerhalb der Machtsphäre ist eben dieses Verhalten rational. Nur wer der Mächtigere ist, bleibt im Machtkampf überlegen. Einmal freilich unterliegt jeder.

Der Garten des Menschlichen 59

Im realen menschlichen Leben kann die Gleichheit nie voll hergestellt werden. Diejenige Rangordnung, die auch die Vernunft nicht aufhebt, ist die Rangordnung der Vernünftigkeit selbst. Das Verhältnis von Eltern und unmündigen Kindern, von Lehrern und Schülern, von Arzt und Patienten, kurz von Wissenden und Unwissenden kann nicht symmetrisch sein. Hier tritt das ein, was die Religionen die Liebe nennen. Der Wissende behandelt den Unwissenden als im Kern seinesgleichen. Er liebt auch den Partner, der sich real nicht als gleichgewichtiger Partner bewähren kann oder will. Er liebt auch den Feind. Der modernen Kultur freilich, gerade weil sie an die Autonomie der Vernunft glaubt, fallen wenige Dinge so schwer wie die Liebe. Aber ohne Liebe kann menschliche Gemeinschaft nicht bestehen.

Der Garten des Menschlichen 58

Die Welt ist voll von Gruppen, die ihrem Egoismus frönen, und voll von politischen Richtungen, deren jede die Wahrheit gepachtet hat. Die Christen haben gelernt, daß wir allzumal Sünder sind, oder sie sollten es gelernt haben. Sie sollten imstande sein, Hilfe zu geben nicht als Lohn für politisches Wohlverhalten. Sie sollten imstande sein, dem Anderen dort zu helfen, wo er ist, nicht dort, wo sie ihn haben möchten.

Der bedrohte Friede 364

Die gerechte Ordnung gemäß dem überlieferten Ethos des Herrschens und Dienens wird nicht aufgehoben, aber durch das Ethos der Liebe gleichsam erleuchtet. Indem die Kirche selbst zur großen Gesellschaft wird, treten in ihr alle Probleme der Herrschaft und der Macht auf. Auch und gerade spirituelle Überlegenheit und das geheiligte Amt geben ihrem Träger Macht. Der Machtkampf rechtfertigt sich, wenn er sich als Kampf für die Gerechtigkeit versteht. Nicht umsonst gehören Religionskriege zu den entsetzlichsten Kriegen, gerade weil sie eine für die Kämpfenden überzeugende Rechtfertigung haben. Doch hat es in jedem Jahrhundert große christliche Gegenbewegungen gegen die Versuchung der Macht gegeben. Als Symbolgestalt steht für sie alle, in unserer heutigen geschichtlichen Erinnerung, Franziskus von Assisi. Die Zeit drängt 82

Wenn der wissenschaftliche Beruf ein Weg zur Macht würde, so würde damit das Streben nach Wahrheit korrumpiert und die Macht nicht geläutert werden.

Aber der Wissenschaftler, der auf das Streben nach eigener Macht verzichtet, kann nicht zugleich damit die Verantwortung für die Verwertung seiner Erkenntnisse durch die Machthaber ablegen. Vielleicht ist er sogar in der neuen Gesellschaft einer der wichtigsten geistigen Träger dieser Verantwortung. So haben ja auch einst vielleicht eben die Priester und Mönche, die, fern der Macht, ihrer religiösen Überzeugung lebten, die geistige Atmosphäre geschaffen, den Glauben an das Gute wachgehalten, der allein die Ausübung der Macht mäßigte und auf sinnvolle Wege lenkte. Es ist noch nie in der Geschichte der Menschheit gelungen, den Dämon der Macht zu töten. Es fragt sich nur, welches Gegengewicht wir ihm heute entgegenstellen können. Der bedrohte Friede 22

Die Probleme der Gerechtigkeit, der Mitmenschlichkeit, ja des Überlebens bleiben ungelöst, solange jeder Einzelne und noch mehr jede soziale Gruppe die ethischen Forderungen streng nur auf die Andern, auf sich selbst aber lax anwendet. Das Resultat ist die Kette von Katastrophen, die man politische

Geschichte nennt. Das Verhalten von uns Menschen in dieser Geschichte ist nicht primär böse, es ist vor allem unter unserem eigenen intellektuellen Niveau, es ist dumm.

Der Garten des Menschlichen 475

In der christlichen Gesellschaft, aber ebenso in den Gesellschaften anderer Religionen wußte jede Mutter, wußte jeder gereifte Mann, daß Leben zugleich Leiden heißt. In der Familie war Raum für das eigene Kind, auch wenn es behindert war, auch für behinderte erwachsene Angehörige, die nicht auf eigene Kraft eine Familie gründen konnten. Wer sonst als die Familie hätte sich ihrer annehmen können? Und da jeder in der Familie arbeiten mußte, fiel auch dem Behinderten die nötige Arbeit zu, die eben er leisten konnte. Der Seelsorger konnte jedem Glied seiner Gemeinde Kraft zusprechen mit dem Wort Christi: „Was ihr einem unter diesen Geringsten getan habt, das habt ihr mir getan." Er konnte ihnen sagen, daß der Sinn eines Lebens unter physischer oder psychischer Behinderung vor Gott nicht geringer ist als der Sinn eines physisch unbehinderten Lebens. Seelisch sind wir alle Behinderte vor Gott, denn wir lieben nicht genug und erfahren deshalb die Seligkeit mitten im Leben nicht, die doch hier und jetzt für uns bereit ist.

Der Garten des Menschlichen 112

Wir werden zu keiner Gesellschaft ja sagen dürfen, die nicht versteht, was ihr selbst die Schwachen in ihrer Mitte bedeuten.

Der Garten des Menschlichen 23

IV

Den Frieden stärken

Unvermeidlicher Weltfriede

Wie manche andere habe ich in den letzten Jahren gelegentlich öffentlich gesagt, ein mit planmäßigem Einsatz der verfügbaren Waffen heute geführter Weltkrieg würde vermutlich die Menschheit nicht völlig ausrotten. Ich habe das gesagt, weil mir wichtig schien, daß wir in allen Erwägungen das Maß behalten. Ich bin dann gelegentlich so zitiert worden, als dürfe hieraus abgeleitet werden, ein Krieg sei unter Umständen immerhin noch zu verantworten. Ich kann mir keinen törichteren und schrecklicheren Mißbrauch meiner Äußerungen denken. Freilich wissen wir alle, daß die Regierungen der Weltmächte heute auf die Drohung mit einer letzten Bereitschaft zum nuklearen Krieg noch nicht zu verzichten vermögen. Aber diese Staatsmänner wissen selbst am besten, daß sie dabei zugleich mit dem Selbstmord alles dessen drohen, was sie selbst zu verteidigen wünschen. Wer diesen Krieg überleben würde – und in Europa würden es wenige sein –, der würde nur bedauern, daß er nicht unter den

Toten ist. Von Freiheit und Demokratie würde nachher schwerlich noch die Rede sein, sondern von Hunger, Radioaktivität und der letzten Hoffnung auf eine starke Hand.

Der bedrohte Friede 130f

Der Weltfriede ist notwendig. Man darf fast sagen: der Weltfriede ist unvermeidlich. Er ist Lebensbedingung des technischen Zeitalters. Soweit unsere menschliche Voraussicht reicht, werden wir sagen müssen: Wir werden in einem Zustand leben, der den Namen Weltfriede verdient, oder wir werden nicht leben.

Der bedrohte Friede 127

Der Weltfriede ist nicht das goldene Zeitalter, sondern sein Herannahen drückt sich in der allmählichen Verwandlung der bisherigen Außenpolitik in Welt-Innenpolitik aus.

Der bedrohte Friede 127

Der herzustellende Friede wäre eine offensichtlich stabile, selbstbewahrende politische Struktur. Der heutige Friede, den wir wenigstens bewahren möchten, ist nicht mehr als ein Waffenstillstand, ein delikates Gleichgewicht der Mächte. Um den Frieden herzustellen, müßten wir Architekten sein; leider haben wir keinen Bauherrn gefunden, der von unserer Kunst Gebrauch macht. Um den Frieden zu bewahren, müssen wir Seiltänzer sein. Der ungesicherte Friede 109

Der politische Zustand der Welt muß grundlegend verwandelt werden, so daß eine in Wahrheit friedenbewahrende Ordnung entsteht. Der ungesicherte Friede 105

Einerseits wird der Weltfriede, sei es auf dem Weg über einen dritten Weltkrieg, sei es ohne ihn, wahrscheinlich mit technischer Zwangsläufigkeit kommen; die moralische Anstrengung ist notwendig, damit er in menschenwürdiger Gestalt kommt. Andererseits muß zwar jeder mit der moralischen Anstrengung bei sich selbst anfangen, aber dabei kann es nicht bleiben. Der ungesicherte Friede 14

Friedlosigkeit als seelische Krankheit

Wir können viel aus dem Verlauf rein persönlicher Streitigkeiten lernen. Wenn zwei miteinander verzankt sind, so sieht meist jeder der beiden mit dem scharfen Auge der Feindschaft den bösen Willen und die törichte Borniertheit des anderen. Er selbst hält sich für friedensbereit und darum zur Strafpredigt oder üblen Nachrede legitimiert. Und warum sieht er Bosheit und Torheit so scharf? Weil er nach außen projiziert, was in ihm selber ist. Er sieht sich im Spiegel des anderen, aber Bedingung der Fortdauer dieses Zustandes ist, daß er den anderen nicht als Spiegel erkennt. Es gibt die schöne alte jüdische Geschichte der zwei Feinde, die einander am Versöhnungstag begegneten. An diesem Tag soll jeder seinem Feind vergeben, was dieser ihm angetan hat. Der eine von ihnen faßte sich ein Herz, ging auf den anderen zu und sagte: „Ich wünsch dir alles, was du mir wünschst." Darauf der andere: „Fängst du schon wieder an?" Der bedrohte Friede 170

Angst blendet die Sensibilität ab, die zur rettenden Selbstkritik führen könnte, und projiziert statt dessen die Kritik auf den äußeren Gegner. Die Zeit drängt 44

Angst ist die begründete Furcht vor der eigenen Unfähigkeit zum Frieden, und der friedlose Konfliktaustrag nährt seine Friedlosigkeit meist aus der Angst.

Der Garten des Menschlichen 42

Im normalen Seelenleben ist Verdrängung oft ein unentbehrliches Mittel zur Wahrung des seelischen Gleichgewichts. Wo aber lebensnotwendige Einsichten verdrängt werden, kann die Verdrängung zwangshaft, neurotisch werden. Die Verdrängung des Friedensproblems ist in unserer Zeit ein Symptom einer seelischen Krankheit.

Der bedrohte Friede 155

Die Struktur der Welt, wie sie vorliegt, ist auf den Unfrieden eingerichtet. Die Sehnsucht aller mag der Friede sein, die Interessen aller sind auf die Fortdauer des Unfriedens gebaut. Gerade die Friedensmacher wird man befehden, ja töten, und das Wort vom Schwert ist als Trost gesagt, damit sie nicht erstaunen, wenn ihnen dies begegnet.

Der ungesicherte Friede 21

Nach Darwin ist der Mensch als biologische Spezies aus der natürlichen Zuchtwahl im Kampf ums Dasein hervorgegangen. Die unmittelbare Anwendung dieses Denkschemas auf den Fortschritt der menschlichen Gesellschaft, oft Sozialdarwinismus genannt, legt nahe, die heute bestehende Menschenart als die Nachkommen der Sieger historischer Kämpfe zu verstehen. Sieger im Kampf wird wohl bleiben, wer kämpfen kann und will. So erscheint die Feindseligkeit des Menschen gegen seinesgleichen als eine erblich erworbene Vorbedingung des Überlebthabens. Ist die Aggressivität biologisch ererbt, so ist es leicht, sie heroisch zu idealisieren, wie es in unserem Lande zuletzt der Nationalsozialismus getan hat; es ist dann aber sehr schwer, auf ihre Überwindung in einer Welt, die der Friedfertigkeit bedarf, zu hoffen. Die Friedlosigkeit ist dann gerade ein Merkmal des gesunden Menschen und darum der Heilung weder bedürftig noch fähig.

Der bedrohte Friede 159

Der Mensch ist gerade noch nicht voller Mensch, wo er nur instinktiv angepaßt handelt, und er hat andererseits das Menschsein verfehlt, wo unangepaßte Triebfragmente sein wissendes Verhalten überspülen und ausschalten. Der Mensch, der dort, wo er wissend handeln müßte, einem inneren Zwang folgend unwissend handelt, ist krank. Wenn Friede Bedingung menschlichen Le-

bens ist, so ist Friedlosigkeit seelische Krankheit.
Der bedrohte Friede 165

Daß wir die Friedlosigkeit von außen nicht als Bosheit oder Torheit ansprechen sollen, beruht aber nicht nur darauf, daß dies selbst so oft in törichter Bosheit getan wird. Es entspricht vielmehr auch nicht der Struktur dieser Krankheit als Krankheit; der Vorwurf der Bosheit oder Torheit gegen den Friedlosen ist, von außen erhoben, nicht wahr. Das zwingende moralische Urteil wendet sich an Gesunde. Sie sollen, denn sie können. Das Wesen der Krankheit ist eben, daß der Kranke nicht kann, auch wenn er will. Manche seelische Krankheiten mag man auch so beschreiben, daß der Kranke nicht wollen kann. Am Nichtkönnen prallt der moralische Appell ab, sei es, daß er gar nicht verstanden oder abgelehnt wird, sei es, daß der aufrichtige Versuch, ihm zu folgen, aus innerem Zwang scheitert. Es ist die Erfahrung der Psychoanalyse, daß solcher Zwang manchmal durch eine vom Kranken selbst gefundene

Einsicht behoben werden kann, eine Einsicht, die etwa einem alten traumatischen Erlebnis als dem Urheber des Zwangs auf die Spur kommt. C. G. Jung gebraucht für einen wichtigen Prozeß in der Seelenheilung den Ausdruck „Integration des Schattens". Das Dunkle in uns ist Teil von uns. Verwerfen wir es durch ein bewußtes Moralsystem, so entweicht es ins Unbewußte, und auf unbegreifliche Weise finden wir uns, oft gerade in einem entscheidenden Moment, als Sünder gegen unsere eigenen Überzeugungen vor. Frieden mit uns selbst finden wir allenfalls, wenn es uns gelingt, den Schatten in uns anzunehmen; wenn wir zu sagen vermögen: „auch das bin ich", „auch das habe ich gewollt". Dies ist bei weitem keine Ausflucht aus dem Ernst der moralischen Forderung, im Gegenteil, es ist eine vorher nicht gelungene Weise, sie ernst zu nehmen. Jetzt kann der Kranke das von sich aus sagen, was ihm kein anderer, auch nicht der Arzt, glaubwürdig sagen konnte; er kann jetzt sagen: „ich war böse", „ich bin böse", „ein Tor bin ich". Vorher wußte er wohl, daß er die Norm verletzte; jetzt beginnt er zu sehen, warum er sie verletzen wollte. Und in geheimnisvoller Weise wächst an dieser Stelle oft zum erstenmal ein eigentliches Verständnis für die Wahrheit der Norm. Der bedrohte Friede 171f

Es gibt verschiedene seelische Flammen, die sich am leichtesten an der gleichartigen Flamme entzünden: Liebe an Liebe, Haß an Haß, Friede am Frieden, Wahrheit an der Wahrheit. Das schnellste Geschoß der Seele ist wohl der Haß, die Aggression, und darum am geeignetsten, um in alte Mauern Breschen zu schlagen. Er kann siegen, aber nicht versöhnen, und so ruft er den neuen Gegner wach, der ihn seinerseits besiegen wird.

Der bedrohte Friede 171

Fürsorge für die Ungeheilten heißt hier: Errichtung von Recht, wo die Liebe nicht durchdringt; Kanalisierung der Konflikte, die zu vermeiden wir nicht vermochten; Schaffung einer Friedensordnung auf der Basis

einer soweit als möglich humanisierten Macht, da die Abschaffung der Macht nicht in unserer Macht steht. Es ist dieselbe Kraft der Friedfertigkeit, oder um den anderen Ausdruck zu gebrauchen, der Nächstenliebe, welche in glücklichen Fällen die Heilung, in weniger glücklichen die Fürsorge ermöglicht.
Der bedrohte Friede 175

Angesichts der Realität der Macht stehen wir vor einer doppelten Aufgabe. Im tiefsten Grunde kommt es darauf an, die Friedlosigkeit zu heilen und damit die Macht überflüssig zu machen.

Das ist, in der Sprache der Christen gesprochen, im strengen Sinn die eschatologische Hoffnung. Das heißt in der apokalyptischen Symbolik: ein neuer Himmel und eine neue Erde.
Der bedrohte Friede 174f

Die Kraft der Friedfertigen

Friedfertigkeit ist eine Kraft, ein Vermögen. Der verhuschte Feigling, der nicht angreift und seine Aggression, in scheinbare Demut eingewickelt, in sich hineinfrißt, ist nicht friedfertig. Friedfertig ist, wer Frieden um sich entstehen lassen kann. Das ist eine Kraft, eine der größten Kräfte des Menschen.

Der bedrohte Friede 169f

Eric H. Erikson gliedert den menschlichen Lebenslauf nach den Zeiten, in denen gewisse „Tugenden" oder „Stärken" dem Menschen zum erstenmal zugänglich werden, beginnend mit der Hoffnung, die schon dem Säugling zukommt, und endend mit der Weisheit des reifen Alters. All diesen angeborenen Anlagen aber ist gemeinsam, daß sie eben Vermögen des Erfülltwerdens mit Inhalt, aber nicht selbst schon Inhalt sind. Sie können, wenn der Lebensgang glückt, erfüllt werden, sie können aber auch mehr oder weniger leer bleiben, verkümmern, verdreht werden, erstarren. Der Mensch, dem als Säugling die Fähigkeit zu hoffen zerstört wurde, wird keins der späteren Vermögen mehr wirklich ergreifen können. Hier liegt die große psychologische Wahrheit des Wortes von Pastor Fritz v. Bodelschwingh, es bedürfe auch einer Seelsorge für Säuglinge. Daß der Mensch wird, was er sein kann, daß er er selbst wird und das weiß, nennt man heute oft die Gewinnung einer Identität. Die Identität ist im einzelnen Inhalt nicht voll vorbestimmt; sie muß sich mit den Chancen des Lebens, mit der zugewiesenen oder verfügbaren sozialen Rolle abfinden. Was der Mensch braucht, ist aber jedenfalls eine Identität. Diese ermöglicht ihm, mit sich selbst im Frieden zu leben. Und Friede mit sich selbst ist nötig, um Frieden mit den anderen halten zu können.

Der bedrohte Friede 165 f

Friede ist, sozial gesehen, die Fähigkeit der Menschen, miteinander zu leben. Der Mensch kann nicht leben ohne eine gewisse Einsicht in seine Lebensbedingungen. Insofern ist ein Friede stets der Leib einer Wahrheit. Weniger stilisiert gesagt: ein Friede ist der einer Einsicht entsprechende reale Gesellschaftszustand. Die Zeit drängt 84

Frieden machen kann nur, wer friedlich ist. Er muß die Wahrheit, deren Leib der ihm mögliche Friede ist, nicht nur in der Phantasie vorstellen, sondern leben. Friedensbeziehung besteht darin, jedem Menschen dazu zu helfen, daß er die ihm zugängliche Wahrheit wirklich lebt. Dies führt naturgemäß zum Kampf der Wahrheiten. Es führt aber auch zu der Kraft, diesen Kampf selbst friedlich, also schon im Licht einer erst geahnten höheren Wahrheit auszutragen. Angst ist die begründete Furcht vor der eigenen Unfähigkeit zum Frieden, und der friedlose Konfliktaustrag nährt seine Friedlosigkeit meist aus der Angst. Der Garten des Menschlichen 42

Wer Konflikte versöhnen will, kann sich nicht aus den Konflikten heraushalten; das hieße: wasch mich, aber mach mich nicht naß.

Der Garten des Menschlichen 523

Wir bekämpfen uns, weil wir Angst voreinander haben. Wir sollen keine Angst haben. Wenn der Tröster, der Geist der Wahrheit kommen wird, der wird euch in alle Wahrheit führen. Das geschieht jeden Tag unter uns; es kann geschehen, wenn wir uns öffnen; und es geschieht. In der Welt habt ihr Angst, aber seid getrost, ich habe die Welt überwunden. Das ist wahr.

Der Garten des Menschlichen 523

Geschichte, wie wir sie kennen, ist Kampf der Wahrheiten. Deshalb ist jeder geschichtliche Friede, den wir kennen, aus Kämpfen hervorgegangen, seine Aufrechterhaltung ist Kämpfen abgerungen, seine Aussicht ist, in neuen Kämpfen unterzugehen und günstigenfalls einem neuen, auf umfassenderer

Wahrheit ruhenden Frieden Platz zu machen. Der Garten des Menschlichen 41

Der Begriff der Ethik diente mir als Mittelglied zwischen den Begriffen des Friedens und der Wahrheit. Ich meine, daß Friede und Wahrheit sich zueinander verhalten wie Leib und Seele. Ein Friede, der nicht auf Wahrheit beruht, ist starr und tot wie ein entseelter Körper; er wird sich zersetzen und wird zerfallen. Eine Wahrheit, die nicht einen Ort des Friedens hat, um sich in ihm zu verwirklichen, bleibt jenseitig oder abstrakt, eine leiblose Seele. Der Friede kann nicht leben ohne eine Wahrheit, die er leibhaft darstellt. Wahrheit kann nicht unter uns weilen ohne einen Raum des friedlichen Wachstums, den sie durchdringt. Der ungesicherte Friede 15f

Wir fürchten uns voreinander, und vor der eigenen Unfähigkeit zum Frieden. Der Friede ist die Forderung. Aber wie werden wir zu ihm fähig? Die Moral fordert ihn. Aber führt die Moral, wenn wir es ernst mit ihr meinen, anderswohin als zur Verzweiflung? Die Sozialrevolutionäre sind moralisch motiviert. Ist es Zufall, daß sie nach viel Blutvergießen neue Machtsysteme hervorbringen?

Der Garten des Menschlichen 129

Frieden der Macht, Frieden der Liebe

In einem Volksbuch aus der Zeit meiner Großeltern stand: „Und dann ließ Gott den Kaiser Augustus kommen, damit Friede auf Erden sei, wenn Christus geboren würde." Der Friede war in der Tat ein Grundbegriff der christlichen Geschichte von Anfang an. Es fragte sich von Anfang an: welcher Friede? Er stand unter den gegensätzlichen Bildern, die in den zwei Ehrentiteln bezeichnet wurden: Augustus, d. h. der Geheiligte, und Christus, d. h. der Gesalbte. Die Kirche sagte dann: Caesar oder Christus. Jenes Buch drückte die Hoffnung der späteren offiziellen Kirche durch anderthalb Jahrtausende aus, beide Gestalten des Friedens möchten im

Heilsplan Gottes aufeinander bezogen sein. Aber im Ursprung sind sie Gegensätze. Augustus bezeichnet den Frieden der Macht, Christus den Frieden der Liebe. Die Zeit drängt 69f

Die Christen haben zu sagen, daß das weltliche Reich nicht das Reich Gottes ist und daß der weltliche Gegner nicht das Reich des Bösen ist. Die Zeit drängt 89

Die Hoffnung, den Weltfrieden durch eine religiöse Bekehrung der Menschheit *herbeizuführen,* kann man heute nicht haben. Wenn die christliche Anthropologie wahr ist, ist viel eher zu fürchten, daß erst die Katastrophen, die das ungewandelte menschliche Herz mit den Mitteln der modernen Technik hervorbringt, die Besinnung wachrufen werden. Vielleicht ist die Angst, es könnte so sein, ein Grund für viele Intellektuelle, zu wünschen, die christliche Anthropologie sei nicht wahr. Der bedrohte Friede 211f

Wie haben Katholiken, wo sie herrschten, Protestanten verfolgt und Protestanten, wo sie herrschten, Katholiken, bis die große christliche Erkenntnis der Nächstenliebe in säkularisiert aufgeklärter Form als Toleranz zu ihnen kam! Wie verfolgen heute Kommunisten Kapitalisten und Kapitalisten Kommunisten? Wo ist der Geist? Er weht, wo er will, und wir hören sein Sausen wohl. Er ist der Schreck der stabilisierenden Angst, er ist der Trost der Verfolgten, er ist der Wegweiser zum konstruktiven Frieden.

Der Garten des Menschlichen 522f

Die Bergpredigt enthält ... nicht nur Vorschriften; sie gibt Einsicht in den Grund der Vorschriften. Drücken wir es modern aus: Nicht erst Gewaltakt und Schimpfwort, sondern die Regung der Aggression ist der Grund des Unfriedens unter uns, nicht erst der Ehebruch, sondern die Regung des wahllosen Begehrens ist der Grund der Vergeudung der Liebe. Der Grund unseres moralischen Elends liegt nicht in dem, was wir tun, sondern in dem, was wir sind. Nicht Übertretungen zu vermeiden, sondern anders zu werden, ist der Sinn der Ethik.

Der ungesicherte Friede 20f

Daß es möglich ist, anders zu werden, das ist die fast unglaubliche Hoffnung. Den Imperativ der Vernunft tastet die Bergpredigt nicht an, sie spricht ihn in aller Schärfe aus. Aber sie fügt zu ihm den Indikativ der Seligpreisungen, im Präsens und Futurum: Selig *sind* die Friedensmacher, schon jetzt, und sie *werden* Gottes Söhne heißen, wenn sichtbar geworden sein wird, was schon da ist. Das ist keine Forderung des Gedankens, sondern die Stimme eines lebendigen Menschen, der aus Erfahrung weiß, wovon er spricht. Der Friede Gottes ist schon unter uns. Er ist darin, daß wir lieben können, wie wir geliebt sind.

Der ungesicherte Friede 21

Wir sollen uns nicht einbilden, wir könnten unsere politischen Probleme lösen, solange wir der liebenden Wahrnehmung des Mitmenschen unfähig sind. Eine Weltdiktatur können wir ohne sie bekommen, aber keinen Frieden. Der bedrohte Friede 606

Liebet eure Feinde, tut wohl denen, die euch hassen. Das ist eine schwere Forderung, aber keine utopische. Es heißt nur, laßt euer Wahrnehmungsvermögen, soviel an euch liegt, nicht durch euer Schicksal trüben. Es scheint mir gut, daß das Wort von der intelligenten Feindesliebe ernst genommen wird. Sie ist primär nicht Entfeindungsliebe, also Versuch, den Feind zum Freund zu machen; das ist nicht ihr Zweck, sondern vielleicht einmal ihr Lohn. Die Forderung ist realistischer. Feindschaften sind die Realität. Sie wurzeln zu tief, als daß ein Mensch sich zutrauen dürfte, sie aufzuheben. Aber das Interesse meines Feindes kann auch ich verstehen. Ich kann sehen, was er braucht, um leben zu können. Wo das gesehen ist, kann vielleicht

Vernunft walten. Vernunft ohne Liebe aber verhungert. Liebe ermöglicht und fordert Vernunft. Moral trennt, Liebe verbindet.

Liebe als Fundament der Zukunft 5

Wenn einige von uns der Feindesliebe fähig sind, so garantiert das nicht, daß der Friede erhalten bleibt – die Lösung der Krise ist jenseits unserer Macht. Wenn aber niemand in unserer Welt sich der Feindesliebe fähig erweist, so ist die Katastrophe *dieser* Welt gewiß.

Der bedrohte Friede 607

„Selig die Friedensmacher" *(eireno-poioi):* Friede ist etwas, das gemacht wird. Gewiß kommt er durch die Gnade Gottes; deshalb heißen die Friedensmacher Kinder (wörtlich Söhne) Gottes. Aber uns ist offenkundig nicht aufgetragen, ihn passiv zu erwarten, sondern ihn zu machen.

„Meinen Frieden gebe ich euch. Nicht gebe ich euch, wie die Welt gibt." Zum römischen Statthalter sagt er: „Mein Reich ist nicht von dieser Welt" *(Joh. 18, 36)*. Hier ist das Mißverständnis der Jenseitigkeit abzuwehren. „Diese Welt" oder kurz „die Welt" ist die Welt der Mächte. *Von* dieser Welt ist sein Reich nicht. Es ist aber *in* der Welt; der Schlüsselsatz des Johannes-Evangeliums ist: „Und das Wort wurde Fleisch" *(Joh. 1, 14)*. „Fleisch" ist leibliche Gegenwart. „Meinen Frieden gebe ich euch." Sein Friede ist schon da in der Gemeinde. Der Weg in die Innerlichkeit, der sich schon im Johannes-Evangelium dokumentiert, rechtfertigt es, den Frieden zuerst im Herzen des Friedfertigen zu suchen. Aber eben wer im Herzen friedfertig ist, kann Frieden machen, denn Affekte erwecken gleiche Affekte, die Liebe erweckt die Liebe, der Haß den Haß. Die Zeit drängt 85

V

Die Schöpfung bewahren

Schöpfung und technische Welt

Die altsteinzeitlichen Jäger- und Sammlerkulturen waren, eingebettet in die Atemzüge der Natur, über Jahrhunderttausende stabil. Sie waren, darf man sagen, selbst Natur. Die Erfindung des Ackerbaus und der Zähmung von Tieren beginnt den Menschen zum Herren der Natur zu machen. Nun wächst die Menschenzahl; kann sie in der Natur eingebettet bleiben?

Die Zeit drängt 54

Was heißt Schöpfung?

Das erste Kapitel der Bibel deutet die Welt als das wohlgeordnete Werk eines planenden, schöpferischen göttlichen Willens. „Und Gott sah an alles, was er gemacht hatte; und siehe, es war sehr gut" *(1. Mose 1,31).*

Unangetastet haben wir Menschen die Welt spätestens seit dem Beginn des Ackerbaus und der Tierzähmung nicht gelassen. Können wir sie unzerstört lassen?

Die Zeit drängt 89

Moderne ökologische Kritiker haben gelegentlich die Schuld für die menschliche Gewaltausübung gegenüber der Natur schon in der biblischen Religion gefunden, nämlich in dem Satz „Macht euch die Erde untertan". Daß dieser Satz in der christlichen industriellen Neuzeit als Rechtfertigung eines rücksichtslosen, törichten Umgangs mit der Natur verwendet worden ist, mag wohl zutreffen. Die Kritik trifft aber sicher nicht die Absicht der Verfasser des Schöpfungsberichts. Sie reden im Rahmen der einzigen sozialen Ethik, die sie kennen, der Ethik des Herrschens und Dienens. Der Gott, der hier spricht, ist derselbe, der am Sinai seinem Volk die sittliche Ordnung verkündet, nach der es leben kann. Der Text impliziert die selbstverständliche Mahnung: Sorgt für das Wohl meiner Geschöpfe, die ich eurer Macht anvertraut habe! Die Zeit drängt 91

Technik ist Macht des Menschen *in* der Natur. Sie beginnt als Bereitstellung von Mitteln, welche zunächst Macht über Tiere und über die Landschaft verleihen: Jagd, Viehzucht, Ackerbau. Diese in der Natur gewonnene Macht gestattet, unter Einschluß der Waffentechnik, Macht über Menschen, also Herrschaft zu errichten. Neuzeitliche Verblendung meint dann, Technik sei Herrschaft *über* die Natur. Jedes Erdbeben, jeder Vulkanausbruch, langfristig jede Klimaänderung, sei es Eiszeit oder Austrocknung, können uns eines Besseren belehren. Freilich ist die Umstellung auf der Erdoberfläche langsam; verglichen mit dem rasenden Tempo der menschlichen Geschichte, die in wenigen Jahrtausenden abgelaufen ist, ist die Erde von sich her fast unveränderlich. Aber die menschliche Geschichte selbst greift die Stabilität der Erdoberfläche an. Das beginnt schon mit dem Ackerbau. Heute droht die Zerstörung des Lebensraums der Pflanzen, der Menschen und Tiere durch unbeabsichtigte Rückwirkungen menschlicher Technik. Gegen Herrschaft über Menschen kann es bewußte Gegenwehr der Beherrschten geben. Die Natur ist zur bewußten Gegenwehr, außer bei einigen Tieren, nicht fähig. Sie reagiert auf Ausbeutung, indem sie stirbt. In unserem Umgang mit der Natur gibt es nicht die „unsichtbare Hand", auf welche die Marktökonomie im Umgang der Menschen miteinander (auch nur mit begrenzter Berechtigung) vertraut. Es gibt rechtzeitige Anzeichen drohenden Todes, aber *wir* müssen sie merken und unser Verhalten rechtzeitig umstellen. Der Verweis auf die Evolution als „unsichtbare Hand im organischen Bereich" tröstet hier nicht, denn die Frage ist eben, ob der Mensch selbst vielleicht eine zum Überleben unfähige Mutation im Tierreich darstellt. Seine Stärke ist, daß er die Probleme, die er erzeugt, im Prinzip sehen und behandeln lernen kann: Bewußtseinswandel. Ohne Bewußtseinswandel würden wir heute die organische Natur und damit uns selbst zerstören. Es gibt dafür die sprichwörtliche Redensart aus der Frühzeit der Technik: man sagt, jemand säge den Ast ab, auf dem er sitzt.

Bewußtseinswandel 383 f

Die moderne Technik ist in so rascher Entwicklung, daß wir die objektiven Grenzen unseres eigenen Wachstums nicht kennen. Gewiß ist, daß die Auswirkungen der Technik die Größenordnung der natürlichen geoklimatischen Änderungen zu erreichen beginnen, daß die Artenvielfalt im organischen Leben in den jetzigen Jahrzehnten rapide abnimmt, kurz, daß die Menschheit, ohne es zu wissen, die Verantwortung für die Fortdauer des organischen Lebens auf der Erde schon übernommen hat. Die Zeit drängt 55

Weltweit scheitert der Umweltschutz bisher ebenso wie vermutlich die Überwindung der Armut am Fehlen einer bindenden, akzeptablen und durchsetzbaren Rechtsordnung. Beide Probleme hängen zusammen. Es gibt keinen haltbaren Frieden unter den Menschen ohne ein Maß sozialer Gerechtigkeit. Es gibt keine soziale Gerechtigkeit, wenn der Mensch die Ressourcen der Natur aufzehrt. Es gibt also ... keinen Frieden unter den Menschen ohne Frieden mit der Natur. Es gibt aber ebenso keinen Frieden mit der Natur ohne Frieden unter den Menschen. Man kann nicht durch den Weltmarkt unseren Planeten ökonomisch-funktional zu einer Einheit werden lassen ohne Instanzen einer einheitlichen politischen Entscheidung. Das Ergebnis kann nur katastrophal sein.

Die Zeit drängt 51

Ethik des Lebens

Die jeweiligen Grenzen des Wachstums sind eine Folge des jeweiligen Standes der Technik. Die moderne Technik ist in so rascher Entwicklung, daß wir die objektiven Grenzen unseres Wachstums nicht kennen. Ich kann nicht ausschließen, daß wir zehnmal soviel Menschen ernähren könnten, als heute auf der Erde leben; ich kann es auch nicht bestätigen – ich weiß es nicht. Jedenfalls sind aber die Grenzen des Wachstums ungeheuer hinausgeschoben durch die moderne technische Entwicklung. Hier ist eine Aufgabe der Wissenschaft, und die Wissenschaft unternimmt

Anstrengungen, sich mit diesen Dingen auseinanderzusetzen. Gleichwohl wage ich zu behaupten, daß unsere Wissenschaft und unsere Technik noch nicht erwachsen sind. Die Wissenschaft ist, wie jede menschliche Tätigkeit, für ihre Folgen moralisch verantwortlich – auch wo sie es legal nicht ist. Das zu wissen, nennt man Gewissen. Die erste Betätigung dieser Verantwortung ist, dem Studium dieser Folgen nicht weniger Nachdruck zu widmen als der Mehrung des Wissens über Grundlagen und über förderliche, technische Anwendungen. Davon sind wir weit entfernt, und wir werden die Folgen zu tragen haben. Bewußtseinswandel 35 f

Eine allgemeinverbindliche Ethik des Lebens inmitten der Technik muß entwickelt werden. Man kann von den Menschen nicht verlangen, sich in der technischen Welt sinnvoll zu verhalten, wenn sie nicht Normen dieses Verhaltens haben, die den tatsächlichen Verhältnissen angepaßt sind; Normen, die zwar vielleicht streng, aber für den gutwilligen

Durchschnittsmenschen erfüllbar sind. Die moralische Forderung, die Straßenverkehrsordnung zu respektieren, ist ein alltägliches, der Gedanke einer Übertragung des hippokratischen Eids von der Medizin in die Technik und Naturwissenschaft ein heute noch fernerliegendes Beispiel. Der ungesicherte Friede 14

Wissenschaft und Technik scheinen uns wohl mit Recht nirgends so segensreich wie in der Medizin. Eben dieser Segen wird hier zur Quelle des vielleicht schwierigsten Lebensproblems unserer Zeit. Welche Abhilfen gibt es? Ich sehe nur zwei, die Aussicht bieten, in der Breite Erfolg zu haben, und zwar indem sie zusammenwirken; beide gehören selbst der Welt der Technik und der wissenschaftlichen Medizin an: Vermehrung der Lebensmittelproduktion und Beschränkung der Geburtenzahl. Der bedrohte Friede 128f

Nicht der Verzicht auf die Wissenschaft ist gefordert. Nicht der Verzicht auf Wahrheitssuche; das hieße unserer Kultur das Herz herausoperieren. Gefordert ist die Mitwirkung an der politischen Verwandlung unserer Gesellschaft, so daß in ihr technische Mittel begrenzten Zwecken gemäß verwendet werden. Das gilt von der Arbeit am menschlichen Frieden; es gilt auch vom Frieden mit der Natur.

Die Zeit drängt 93f

Es ist ein untechnisches Verhalten, alles zu realisieren, was technisch möglich ist. Wir sind heute in Gefahr, die Existenzbasis der Pflanzen, Tiere und Menschen im Ablauf einiger Jahrzehnte zu zerstören.

Die Zeit drängt 116

Die Heilkraft des Schönen

Die Heilkraft des Schönen wird heute ein Opfer der Gleichgültigkeit in einer nur zweckrationalen Denkweise. Eine Randbemerkung hier: Im Umweltschutz muß man heute mit meßbaren Schäden argumentieren, weil das verzerrte Wertsystem der industriellen Welt das so viel sensiblere Organ des Schönheitssinns nicht zu nutzen versteht. Eine schöne Landschaft, das ist eine Kulturlandschaft, mit der der Mensch im Einklang lebt. Wenn nur noch die sogenannte unberührte Natur das hat, was wir Erholungswert nennen, wenn also der Mensch sich von dem erholen muß, was er anrichtet, so ist seine Kultur eine Kultur des Selbstwiderspruchs.

Der Garten des Menschlichen 113

Eine Menschheit, die die Schönheit des Landschaftsgleichgewichts als ökonomisch belanglos mißachtet und zerstört, eine solche Menschheit ist verrückt. Sie begeht damit fast stets auch einen ökonomischen Fehler, der sich als Fehler erweist, wenn es zu spät ist. Natürlich sage ich nicht, der Mensch dürfe die Natur nicht verändern. Das wäre absurd. Aber der Schönheitssinn ist ihm mitgegeben, um auch seine eigenen Werke mit einem anderen Maßstab zu messen als dem Maßstab dessen, was er in der Verblendung des im Augenblick lebenden Ich für nützlich hält. Wie herrlich sind alte Kulturlandschaften! Als ich zum erstenmal aus Nordamerika, das ich bewundere und liebe, zurückkehrte, war ich bis zu Tränen gerührt von der Schönheit einer Landschaft am Bodensee oder in Umbrien, wo seit Jahrhunderten jeder Baum und jedes Haus dort stand, wo Menschen mit Schönheitssinn es haben wollten. Die heutigen Krisen Amerikas sind auch die Krisen puritanischer Verächter der Schönheit.

Der Garten des Menschlichen 141 f

Interesseloses Wohlgefallen also verlangt nicht nach der Existenz, gröber gesagt, es verlangt nicht nach dem Besitz des Gegenstands. Mörike sagt: was schön ist, selig scheint es *in ihm selbst.* Nicht meine Seligkeit ist wichtig. Das Sein des Schönen scheint in ihm selbst. Dieses Scheinen ist seine Seligkeit. Gewiß, die schöne Lampe war ein Werk von Menschen, für Menschen gemacht. Aber unsere

Seligkeit beim Machen oder Anschauen ist eben Teilhabe an ihrer Seligkeit. So sind auch in der Natur die Maserung eines Holzes, das Innere einer Muschelschale, die Ätzfläche eines Kristallbruchs, alle nicht zum Sehen bestimmt, doch nicht weniger schön als ein Schmetterlingsflügel oder das Balzkleid eines Vogels. Vielleicht ist die allgegenwärtige verborgene Mathematik der Natur der Seinsgrund aller Schönheit.

Der Garten des Menschlichen 143f

Schönheit ist eine Mitwahrnehmung des Lebensnotwendigen, aber indirekt, ohne das Pathos der Notwendigkeit. Beginnen wir mit elementaren Lebensinteressen, an die sich unser technisches Zeitalter soeben, hoffentlich nicht zu spät, zu erinnern anfängt. Wenn ich in meiner Wiese liege, was nehme ich wahr? Ich sagte: ein Summen – nein, die Bienen – nein, den Frieden der Natur. Ist dieser Affekt des Friedens bloß subjektiv oder ist er die Wahrnehmung von etwas Wirklichem? Er ist eine Wahrnehmung. Was er wahrnimmt, nennt die heutige Wissenschaft das ökologische Gleichgewicht. Die Evolution hat vor mehr als hundert Millionen Jahren zur gleichzeitigen Herausbildung zweier organischer Formen geführt, die aufeinander angewiesen sind: der Blütenpflanzen, die durch Farbe, Form und Duft Insekten zur Bestäubung anlocken, und derjenigen Insekten, die von Blütenstaub und Nektar leben. Viel später hat sich der Mensch in dieses Gleichgewicht hineinentwickelt, und als Sammler, Ackerbauer und Viehzüchter ist er auf dessen Produkte, auf diese Pflanzen oder die diese Pflanzen essenden Tiere angewiesen. Wenn er dieses Gleichgewicht als schön wahrnimmt, so nimmt er die Harmonie wahr, im Beispiel der Wiese sinnlich dargestellt, die Harmonie, ohne die er nicht leben könnte.

Der Garten des Menschlichen 141

VI

Die Welt verwandeln

Verantwortung wagen

Verantwortung des Menschen in der technischen Welt heißt also zum mindesten: er muß inmitten der Planung und der Apparate lernen, Mensch zu bleiben. Vielleicht muß er in entscheidenden Punkten erst lernen, Mensch zu werden. So Mensch zu werden, daß er der Herr des Plans und der Apparate bleibt. Das etwa wäre der Inhalt einer Ethik der technischen Welt.

Die Verantwortung der Wissenschaft 11

Wissen bedeutet Macht, und Macht bedeutet Verantwortung. Verantwortung bedeutet, daß wir den Gebrauch unserer eigenen Macht durch unsere Erkenntnis der Folgen des Gebrauchs dieser Macht begrenzen.

Der bedrohte Friede 91

Moralische Reife ist einem Menschen nicht erreichbar, der sich für die faktischen Folgen seines Handelns nicht verantwortlich weiß.

Wer sonst soll denn die Verantwortung übernehmen, wenn es der Wissenschaftler nicht tut? Wo die Wissenschaft dies nicht sieht, ist sie noch nicht erwachsen, ist sie noch ein Spiel von Kindern. Die Zeit drängt 93

Humanität heißt auf deutsch Menschlichkeit. Wir stellen Menschlichkeit als ein Prinzip auf, wir fordern sie von uns. Was soll aber Menschlichkeit heißen? Es heißt doch wohl „so sein wie ein Mensch". Fordern kann man nur, wo eine Wahl bleibt. Wenn wir vom Menschen fordern, so zu sein wie ein Mensch, so setzen wir offenbar voraus, daß er auch anders sein kann, also daß er auch nicht so sein kann wie ein Mensch. Das ist keine Wortklauberei. Der Mensch, so sagt man wohl auch, ist ein Wesen, das sich selbst verfehlen kann. Der Mensch kann versäumen, der zu werden, der zu sein, der zu bleiben, der er eigentlich ist. Menschlich sein heißt in Wahrheit Mensch sein, ein wahrer Mensch sein. Der ungesicherte Friede 82f

Die Zweckmäßigkeit ist ein gefährlicher Maßstab. Welchen Zwecken soll unser Handeln gemäß sein? Welche Mittel rechtfertigt ein spezieller Zweck? Was rechtfertigt den Zweck selbst? Ich glaube, es gibt keine andere Antwort auf diese Frage als: die Ethik muß auf der Wahrheit beruhen.

Der ungesicherte Friede 15

Die Kritik der radikalen Ethik an der Religion wird nicht darum falsch, weil radikale Ethik nur auf religiösem Grund möglich ist.

Der Garten des Menschlichen 476

Überall, wo man die Bergpredigt oder wenigstens die zehn Gebote beim Wort genommen hat, war die Religion Grund einer radikalen Ethik.

Der Garten des Menschlichen 472

Der Christ ist ein Bürger beider Welten: der bestehenden, in der immer wieder Krieg ist, und der verheißenen, also dem Menschen möglichen, in der Friede herrscht. Der Wissenschaftler lebt in der immer wiederholten Erfahrung, daß einmal, hier und jetzt, Dinge möglich werden, für die es in der bisherigen Geschichte kein Beispiel gegeben hat. Alle konkreten Schritte ... zielen nur darauf, noch einmal für zehn oder zwanzig Jahre ein ungeheures Unheil abzuwenden, das ständig über uns hängt. Diese Schritte sind nötig. Tun wir sie nicht, so verscherzen wir eine noch bestehende Chance.

Aber dürfen wir unsere Hoffnung nicht höher spannen? Ist der Friede auf Erden ein leerer Traum? Der bedrohte Friede 556f

Gewiß ist die Bergpredigt nicht „Gesetz", sondern „Evangelium", d.h. nicht eine Vorschrift für heilsnotwendiges Handeln, sondern das Angebot erlösender Liebesfähigkeit. Aber wieviel tiefer haben zu allen Zeiten diejenigen gesehen, die, sei es auch in unreflektiert naiver Gläubigkeit, von diesem Angebot Gebrauch machten, die das weltlich Aussichtslose wagten, als die klugen Konformisten!

Der bedrohte Friede 608

Kontemplation und Verzicht

Wie kannst du das Leben eines Managers führen – denn du kannst der Signatur unserer Zeit nicht entgehen, und wenn du ins Kloster flöhest – wie also kannst du dieses Leben führen, ohne zugrundezugehen? Wie findest du dich im elektronischen Schaltwerk deiner Gedanken noch zurecht? Gibt es eine Antwort auf die Angst, die du tags verdrängst und die dich nachts peinigt, und die dich heimlich lenkt in allen deinen Handlungen, die darum eigentlich gar nicht die deinen sind? Gibt es aufrichtige Erkenntnis, die nicht Verzweiflung ist, vor der du dich also nicht zu fürchten brauchst? Gibt es Geistesgegenwart in diesem Wirbel, klares Bewußtsein, Reife, Ruhe und ruhige Kraft, erreichbar für dich, so wie du wirklich bist?

Der Garten des Menschlichen 527

Es ist kein Zufall, wenn seit Generationen eine sehr kleine, aber langsam wachsende Minderheit von Europäern irgendwann im Leben, in der empfänglichen Jugend, in den Zweifeln des Bewußtwerdens, die der Erwachsene durchkämpfen muß, oder im Alter, von der asiatischen Weisheit im Herzen getroffen, geweckt, getröstet wird.

Der Garten des Menschlichen 525

Der Beitrag, den der Kontemplative für die Gesellschaft leistet, besteht gerade in seiner Kontemplation. Ein ethisch so fragwürdiges, intellektuell so unerleuchtetes, durch und durch ambivalentes Gebilde wie die menschliche Gesellschaft der Hochkulturen bis auf den heutigen Tag kann nur dann das Abgleiten in die Selbstzerstörung aufhalten, wenn immer einige in ihr leben, die um der Wahrheit willen die Teilnahme an ihren Tätigkeiten radikal verweigern. Und fast nur dort, wo Christen das wagten, blühte das spontane Verständnis der Bergpredigt auf, so bei Franziskus von Assisi. Der Garten des Menschlichen 505

Die allgemeine Verbreitung religiös asketischer Lebensformen durch alle Hochkulturen spricht dafür, daß diese Gesellschaften von Herrschenden und Dienenden nicht bestehen konnten, wenn nicht in ihrer Mitte zugleich die Entsagenden lebten, die auf die Güter der Herrschaft verzichteten und einem anderen als dem weltlichen Herrn dienten. Religion ist durch die Jahrtausende kulturtragend gewesen, weil sie zugleich die verkörperte Kulturkritik enthielt. Hier hatte die Askese einen symbolischen Sinn. Sie drückte die Verwerfung des der herrschenden Kultur innewohnenden Prinzips der Begehrlichkeit in sinnenfälliger Schärfe aus. ...

Der Sinn der Askese gerade für die meditative Lebensweise ist aber nicht nur symbolisch; die Askese hat hier wie stets zugleich eine fast technische Funktion. Die Bedürfnisverzichte, symbolisiert in den Mönchsgelübden der Armut, der Keuschheit, des Gehorsams, sind Mittel der Bewußtwerdung, der Distanzierung von sich selbst und damit der Entdeckung seiner selbst. Die tiefe Verwandlung der menschlichen Natur, die dadurch möglich wird, strahlt dann prägend in die Kultur zurück. Sie gibt der Selbstbeherrschung des Adels, der Bescheidenheit des Volkes einen Hintergrund, eine neue Interpretation. Diese Selbstzucht dient also – so konnte man wissen – nicht nur der Erhaltung der bestehenden Gesellschaft, sondern der Verwandlung des Menschen; dem, was die Religion sein Heil nennt. Der bedrohte Friede 395 f

Soeben wird die asiatische Welt durch Technik, durch Demokratie, durch Nationalismus, durch Marxismus überschwemmt mit europäischen Erfindungen. Gleichzeitig aber liefert sie uns in der Kommunikation Schätze ihrer Weisheit, ihrer Erfahrung, ihrer Technik des Umgangs des Menschen mit sich selbst. Dies gegeneinander auszugleichen, wird vielleicht die bedeutendste geistige Aufgabe sein, die wir in den nächsten Generationen haben. Gedanken über unsere Zukunft 22

Mich interessiert Meditation in erster Linie als etwas, das man tut – nicht aus irgendwelchen theoretischen Gründen.

Der Garten des Menschlichen 533

Ganz neue Zusammenhänge entdeckt nicht das Auge, das auf ein Werkstück gebeugt ist, sondern das Auge, das in Muße den Horizont absucht.

Die Verantwortung der Wissenschaft im Atomzeitalter 17

Nichts ist aber dem Individuum so gewiß wie der Tod. Der Mensch ist das Tier, das weiß, daß es sterben muß. Darum ist die Erlebniswelt des menschlichen Ich gezeichnet von der leise oder ausdrücklich mitwahrgenommenen Vergeblichkeit. Die Blindheit des animalischen Ich ist, daß es nicht in der Reflexion weiß, daß es sterben muß. Die Blindheit des menschlichen Ich ist Verblendung, sie ist die Nötigung, von der Vergeblichkeit wegzublicken. Deshalb ist Erlösung von den Interessen des Ich ein Sehendwerden.

Der Garten des Menschlichen 140f

Die tiefste Erfahrung von sich selbst, zu der der Mensch in seiner Natur und in der Gesellschaft vordringt, lautet nicht Freiheit, sondern Ohnmacht. Die tiefste Erfahrung vom Gelingen menschlichen Lebens ist eben darum nicht eine Erfahrung von eigener Macht, sondern von Gnade. Die tiefste Erfahrung des Menschen ist nicht der Mensch, sondern Gott. Über die Freiheit 66

Die Chance des einzelnen

Der Mensch lernt zwar sich selbst kennen, indem er mit anderen Menschen zusammenlebt, in ihrer Liebe geborgen, in ihrer Sprache seine Sprache lernend, in ihrer Sitte seine Ordnung findend. Insofern ist er ein ursprünglich soziales Wesen. Aber die Reifung geschieht im Individuum. Nichts, was andere für dich und mich tun, nichts, was du für andere tust, was ich für andere tue, kann dir und mir die Aufgabe abnehmen, du und ich zu werden. Alle großen sozialen Schritte sind von Individuen begonnen, von Individuen durchgetragen worden. Von Individuen in Gemeinschaft, gewiß; das heißt von Menschen, die zum Frieden der Gemeinschaft fähig waren, weil ihnen ein dafür hinreichendes Stück Friede mit sich selbst, Wahrnehmung ihrer selbst, gelungen war. Man kann nichts opfern, was man nicht hat, auch das Ich nicht. Der Garten des Menschlichen 129f

Die Frage nach dem wahren Menschen, der zu sein ich ständig versäume, das ist – so gilt es für jeden von uns – die Frage nach mir selbst. Der Sinn einer solchen Frage ist nicht, eine rasche Antwort zu erhalten. Gerade diese Frage ist ein Schritt auf dem Weg zu mir selbst. Den Weg gehen, heißt in der Frage aushalten, bis hin zur wiederkehrenden Verzweiflung: habe ich versäumt, der zu sein, der ich hätte sein sollen? Die Antwort, wie immer sie formuliert sein mag, wird nur der verstehen, der in der Frage ausgehalten hat.

Der ungesicherte Friede 83

Die Pfadfinder haben sich seinerzeit die Regel gegeben, jeden Tag eine gute Tat zu tun. Das ist erzieherischer Optimismus und wirkt auf uns ein wenig naiv. Aber zur Erziehung gehört der Optimismus, der den jungen Menschen lehrt, die Erfahrung seiner Freiheit, die Erfahrung des Guten täglich selbst zu machen. Die Erfahrung der Ohnmacht, des Scheiterns, der Schuld wird ihm früh genug begegnen; aber an ihr wird er dann auch lernen, auf neuer Stufe von neuem Freiheit zu üben. Im langsameren Lebensrhythmus des Erwachsenen wird wenigstens jedes Jahr wenigstens eine Gelegenheit an ihn herankommen, etwas Wichtiges zu tun, das die kleine Gesellschaft, zu der er gehört, zum Guten ändert. Welche Verwandlung unserer Gesellschaft würde es bedeuten, wenn jeder von uns von jeder dieser Gelegenheiten Gebrauch machte!

Über die Freiheit 75

Man bedarf – um in unserem Raum zu bleiben – eines recht stabilen sozialen Selbstbewußtseins, um in einer Gesellschaftsschicht, die Mercedes fährt, VW zu fahren, oder in einer Altersstufe, die Motorrad fährt, unbekümmert das Fahrrad zu benutzen.

Der bedrohte Friede 391

Auf den Willen kommt es an. Bereitschaft zum Hören, zum Helfen, zu den unvermeidlichen eigenen Opfern.

Die Zeit drängt 59

Der Bote Gottes kann auch in ungewöhnlicher Menschengestalt erscheinen. Gott selbst kann man nicht eigentlich sprechen hören; er spricht in einer Stimme, die wir, wenn wir genau sind, die Stimme seines Boten nennen müssen.

Der Garten des Menschlichen 512

Alle höhere Kultur ist ein Kunstwerk, das die Instinkte nur wie Material benutzt und sie vielfach geradezu – und mit Recht – unterdrückt. Gleichheit zwischen den Menschen ist nie der Naturzustand; der Rousseauismus hat hier völlig unrecht. Aber Gleichheit zwischen Menschen kann das Ergebnis einer der höchsten sozialen Leistungen sein. Sie ist es dann, wenn die Menschen einander bewußt als gleich anerkennen. Das ist der Kern der Goldenen Regel, die in allen höheren Religionen gelehrt wird. Die klarste neuzeitliche Fassung ist Kants kategorischer Imperativ: Handle so, daß die Maxime deines Handelns jederzeit Prinzip einer allgemeinen Gesetzgebung werden könne. Das oberste Prinzip einer universalistischen Ethik gebietet nicht bestimmte inhaltliche Normen; es gebietet die Allgemeinheit, also die Vernünftigkeit dieser Normen.

Der Garten des Menschlichen 58

Die Frage: Was kann der einzelne denn tun? enthält, wenn wir bei ihr stehenbleiben, ein Ausweichen gerade aus dem, was der einzelne tun kann; sie enthält dann eine Drükkebergerei. Der einzelne kann genau das tun, was ihm zukommt. Die wenigen einzelnen, denen große Entscheidungen zufallen, hängen ab vom Mitdenken, Mitwollen, Mithandeln der vielen einzelnen, deren jeder scheinbar nur kleine Entscheidungen trifft. Sollten die Katastrophen über uns kommen, ich weiß nicht, ob sie nicht kommen, dann kommen sie, weil wir im Grunde das nicht gewollt haben, was sie abwehrt: den Gebrauch der Freiheit in liebender Einsicht, das Bestehen in der Freiheit. Wir – das ist jeder einzelne von uns. Zumutungen der Freiheit 76

Jeder einzelne kann dazu beitragen, daß Entscheidungen im richtigen Bewußtsein geschehen, und zwar eher durch die Tat als durch das Wort. Und da gilt die Erfahrung, die jeder Mensch in seinem Leben macht: *Der Mensch entdeckt mindestens einmal im Jahr in seiner Umwelt, daß etwas geändert werden muß und auch geändert werden kann;* und zwar sieht er, daß die Änderung durch sein eigenes Handeln möglich wird. Geht man so auf die Suche nach Ansatzpunkten für seine persönliche Beteiligung am allgemeinen Geschehen, so findet man eine Überfülle an Möglichkeiten. Vom rechten Gebrauch der Freiheit 39

Hoffnung schafft Kraft

Wir sind verpflichtet, vom Ausmalen der Gefahr zur Schilderung der Hoffnung des politischen Friedens zurückzukehren. Nur die Hoffnung schafft Kraft, der Gefahr zu begegnen. Die Zeit drängt 45

Keiner pessimistischen Konsequenz ausweichen, nicht auf dem Pessimismus sitzenbleiben. Der bedrohte Friede 381 f

Die größte Hoffnung darf man nur andeuten. Sie ist eben die Hoffnung auf die Liebe. Es ist sogar denkbar, daß gerade eine katastrophale Gestalt der kommenden Krise durch eine furchtbare seelische Erschütterung das Tor zu der höchsten, der eigentlichen Liebeserfahrung bei mehr Menschen öffnen wird als je zuvor. Wenn ich von der Notwendigkeit einer neuen politischen Moral spreche, so sehe ich es im Lichte dieser Möglichkeit.

Liebe als Fundament der Zukunft 6

Der zweite Schritt, den wir gehen können, zeigt sich oft erst, wenn wir den ersten Schritt ins Dunkle hinein gewagt haben.

Die Verantwortung der Wissenschaft im Atomzeitalter 47

Wer Politik will, muß nicht mit Visionen, sondern mit der Forderung des Tages schließen.

Der bedrohte Friede 593

Politik ist das Feld des Streits, und Mose ist von Kampf zu Kampf gegangen. Der Streit ist nötig, in ihm arbeitet sich das Bewußtsein von der Form des Friedens, die konkrete Wahrheit heraus. Über die Form des Friedens ist heute Streit. Über eines dürfte kein Streit mehr sein: daß der Friede der Welt politisch gesichert werden muß. Das ist eine neue, konkrete, diesseitige Aufgabe, die die Menschheit bisher nicht gehabt, kaum gesehen hat und heute hat. Sie ist nicht leichter als der Auszug der israelischen Fremdarbeiter aus Ägypten war. Auf diesem Weg warten auf uns Gefahren, so schrecklich wie der Tod alles Erstgeborenen, so unkalkulierbar wie der Gang durch das Schilfmeer. Die nächsten dreißig Jahre, ich weiß nicht, wie sie sein werden. Aber diesen Weg müssen wir gehen, wir sind schon ausgezogen. Auf diesem Weg wird auf eine Weise, die wir nicht wissen, Gott bei uns sein. Amen. Der Garten des Menschlichen 519